青少年科普知识枕边书
航天知识全知道

李芙蓉◎编著

当代世界出版社
THE CONTEMPORARY WORLD PRESS

图书在版编目（CIP）数据

航天知识全知道 / 李芙蓉编著. -- 北京：当代世界出版社，2018.3

（青少年科普知识枕边书）

ISBN 978-7-5090-1311-3

Ⅰ.①航… Ⅱ.①李… Ⅲ.①航天—青少年读物 Ⅳ.① V4-49

中国版本图书馆 CIP 数据核字 (2018) 第 000418 号

航天知识全知道

作　　者：	李芙蓉
出版发行：	当代世界出版社
地　　址：	北京市复兴路 4 号（100860）
网　　址：	http://www.worldpress.org.cn
编务电话：	（010）83907332
发行电话：	（010）83908455
	（010）83908409
	（010）83908377
	（010）83908423（邮购）
	（010）83908410（传真）
经　　销：	新华书店
印　　刷：	北京旭丰源印刷技术有限公司
开　　本：	710mm×1000mm　1/16
印　　张：	19
字　　数：	270 千字
版　　次：	2018 年 11 月第 1 版
印　　次：	2018 年 11 月第 1 次
书　　号：	ISBN 978-7-5090-1311-3
定　　价：	45.00 元

如发现印装质量问题，请与承印厂联系调换。
版权所有，翻印必究；未经许可，不得转载！

前言

  在古代，人类对宇宙空间的认识只局限于白昼能感知太阳的光热，夜晚能望见月球的身影，于是产生了许多访日探月的幻想故事。中国出现过夸父追日、嫦娥奔月的神话，其他国家也有不少类似的飞天传说。这些神话传说寄托着人类征服太空的愿望。为实现腾空飞翔的理想，人类经过了一段相当艰难的历程。很久很久以前，人类便为了这个理想做出了种种大胆勇敢的尝试和探索。随着科学技术的发展，人类竭尽自己的智慧和才能，开始把幻想变为现实。

  20世纪初，齐奥尔科夫斯基、戈达德和奥伯特等一批杰出的航天先驱者，为现代宇航技术的发展奠定了科学的理论基础，指出了人类进入太空的有效途径和手段，并构想了人类开发太空的宏伟蓝图。1957年10月4日，苏联成功地发射了世界上第一颗人造地球卫星，宣告空间技术从此进入了一个飞速发展的新时代。时至今日，世界各国发射进入太空的各种航天器已达4000多颗。航天技术在运载工具、人造地球卫星、载人航天和深空探索等方面都取得巨大进步，成为20世纪最引人注目的成就之一。

  航天技术问世至今虽只有几十年时间，在漫长的人类发展史中只是弹指一挥间，但它给人类文明进步所带来的影响，无论从深度还是广度来看，都是前所未有的。今天，科学技术发展一日千里，人类重返月球、开发月球资源、到月球上去旅行或居住的日子，相信不会太远了。此外，人类还

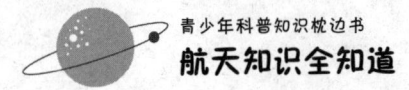

将在无人航天器探测火星的基础上，实现载人环绕火星飞行和登上火星的壮举。所有这些规模浩大的世界性航天工程，将为国际合作提供广阔的前景，并将为解决人类在地球上所面临的能源、生态、环境和人口等诸多问题做出难以估量的贡献。

人类对宇宙的认识和追求是永无止境的。现有成绩的取得也只是人类星际航行走出的第一步。人类在征服火星之后，还将以火星为中转基地，先乘星际航行飞船小心翼翼地对木星、土星、天王星、海王星进行更富实质性的探测，然后再越过太阳系的边疆，向银河系的某个星球进军……这样，只要地球上的人类能持之以恒，共圆"航天梦"，世世代代地坚持下去，也许在若干个世纪之后，人类不但能成为太阳系的主宰，而且必将迎来冲出太阳系，沿着星际航线到银河系去"做客"的伟大时代！

本书第一部分介绍了航天史上的一些重要人物，读者可以从中了解人类在天文探测器发展的不同阶段所付出的艰辛努力。第二部分集中对宇航事业在各个历史阶段所涉及的重大事件、显著的成就与惨痛的教训进行了回顾。第三部分对宇航事业的近期发展目标和远期诱人的发展前景进行了展望，使读者能更多地了解有关宇航的科技知识。

太空在召唤，时代在挑战。愿青年读者立大志，展宏图，为祖国的航天事业争做贡献！

航天人物

"航天始祖"万户	002
牛顿的"大炮"	005
"滑翔机之父"李林塔尔	008
莱特兄弟造飞机	011
中国航空先驱冯如	014
"宇航之父"齐奥尔科夫斯基	018
戈达德的贡献	022
欧洲火箭的大功臣奥伯特	026
导弹奇才布劳恩	028
导弹开拓者多恩伯格	032
冯·卡门与现代宇航科技	035
航天巨擘科罗廖夫	039
加加林首航太空	043
"卫星之父"吉洪拉沃夫	047
火箭控制专家比留金	050
列昂诺夫的太空"第一步"	052
科马罗夫太空遇难	056

切洛勉和他的"质子"号　　　　　　　060
巾帼英雄捷列什科娃首上太空　　　　063
宇航英雄波利亚科夫　　　　　　　　065
克里卡廖夫的纪录　　　　　　　　　068
约翰·杨六入太空　　　　　　　　　072
女机长柯林斯　　　　　　　　　　　074
华裔宇航员王赣骏　　　　　　　　　078
张福林七上太空　　　　　　　　　　080
焦立中太空漫步　　　　　　　　　　083
中国"导弹之父"钱学森　　　　　　086
杨南生的"长征"　　　　　　　　　090
航天"总总师"孙家栋　　　　　　　093
"火箭老总"黄纬禄　　　　　　　　096
中国运载火箭奠基人王希季　　　　　099
任新民"放卫星"　　　　　　　　　103
"神舟之父"戚发轫　　　　　　　　106
中国飞天第一人杨利伟　　　　　　　110
王永志与载人航天工程　　　　　　　114

航天史上的重大事件

火药的革命　　　　　　　　　　　　118
康格里夫火箭显神威　　　　　　　　121
"终极武器"V-2火箭　　　　　　　125
宇航圣地拜科努尔　　　　　　　　　129
人造卫星横空出世　　　　　　　　　132
驶向太空的"火箭列车"　　　　　　136
"水星"计划　　　　　　　　　　　139
"双子星座"计划　　　　　　　　　143

"阿波罗"登月计划	145
"月球"9号首闯月宫	149
人类首次登月之旅	152
太空握手	155
运载火箭之王	159
"阿丽亚娜"勇闯宇宙迷宫	161
太空"礼炮"	164
天上的"实验室"	167
"和平"号人造天宫	170
航天飞机艰难问世	173
"暴风雪"计划惨淡收场	176
"挑战者"号罹难	178
"奋进"号太空作业	181
惨痛的"哥伦比亚"号事故	184
"太空城市"国际空间站	186
天外"千里眼"	189
神州第一星	192
卫星的"回家路"	194
太空育种	197
高空"谍报员"	200
中国人的太空"长征"	203
"亚洲"一号升空记	206
"神舟"问天	209
中国宇航员的诞生	213
"神舟"五号载人巡天	216
中国人的"第一步"	220
中国的"天宫"	223
水星"侦察员"	226
"伽利略"号探索木星	229

太阳"侦察员" 232
"奥德赛"的火星之旅 235
"炮轰"彗星 238
撞击月球 241
意义非凡的金星探测 244
进军冥王星 247
寻找外星人的"先驱者" 249
星际"旅行者" 251
功勋卓著的"旅行者"2号 254

未来的航天猜想

未来的"空天飞机" 258
太空之帆 261
人造"天梯" 264
飞船"逐日" 267
神秘的"反物质"飞船 269
奇妙的"空间系绳" 271
太空游客 274
月球上的能源宝藏 277
天上的都市 280
空间电站 283
太空工厂 285
人类的"月球基地" 288
"移民"火星 291
清除太空垃圾行动 294

航天人物

"航天始祖"万户

通过天文望远镜观测月球，可以看到月球表面上分布着许多大大小小的环形山。大多数环形山都是以地球上著名的科学家的名字命名。如哥白尼环形山、第谷环形山、牛顿环形山等。在月球背面，有以我国古代著名科学家的名字命名的环形山，万户环形山就是其中之一，它是以我国明朝时期向太空挑战的英雄——万户的名字命名的。

万户是明朝人，生活在14世纪末期。万户原来是一名木匠，喜好工艺技术，善制交通器具。后弃艺从戎，在军中参与改进刀、枪、车、船等各种作战用具。万户手艺精湛，希望制造一种飞龙，能够腾空飞行，日行万里，山河无阻。

明朝的军队中已广泛使用火箭武器。"火箭"最初的含义是带"火"的箭，早在三国时期就有了这一名称。当时的兵家在箭杆前部绑上易燃物，点燃后用弓弩射出去进行火攻。到了唐代，由于炼丹术的兴起，出现了火药的配方，于是兵家在作战中又将绑在箭杆上的易燃物换成了火药。由于

这个时期的火箭还是用弓弩弹射的,而不是靠自身喷气推进的,故与现代火箭只是名称上相同,其飞行原理毫无共同之处。

10世纪中叶,宋朝大将冯继升、岳义方发明了一种用作兵器的火箭,并试验成功;11世纪的唐福、石普先后把自己制造的火箭献给朝廷,并组织了射击表演。宋军在与金兵、元兵的作战中,广泛使用了一种叫"霹雳炮"的火箭。到16世纪,明代名将戚继光在抗倭战争中曾使用一种重2斤、射程300—600尺(1尺约为0.33米)的火箭,显示了较强的威力,使倭寇闻之丧胆。明朝制造的火箭,最著名的有"神火飞鸦""火龙出水""飞空砂筒""一窝蜂"等。"神火飞鸦"箭筒像一只大鸦,呈纺锤形,腹内装火药。每个翅膀下斜插两支火箭。鸦背上钻一小孔,安装火药线并与翅下火箭相连。点燃火药线后,两支火箭同时燃烧,能把大鸦发射到百余丈(1丈约为3.33米)远的地方。"火龙出水"是用一根长筒,装上木制龙头龙尾,龙身两侧前后各安装两支火箭,用同一根火药线连在一起,龙腹内装有一组火箭。先点燃筒外的火箭,推动筒身向前飞行;火药燃尽后引燃筒内火箭,并从龙口射出飞向目标。它是一种两级火箭的雏形。"飞空砂筒"是在箭杆上绑两支方向相反的火箭,发射时先点燃向前的火箭,当飞向目标后炸药砂筒落地爆炸,然后引燃向后的火箭返回原处。这是一种可回收的两级火箭。"一窝蜂"是一个箭筒内插上多至32支火箭,同时点火射出,众矢齐发不仅可加大杀伤威力,还可增大射程。这是一种最早的集束式火箭。这些火箭具有现代火箭的特征,在飞行原理、结构等方面几乎没有什么不同,只是构造简单一些罢了。

万户和军营中的工匠们从这些火箭中,特别是吸取"神火飞鸦"和"火龙出水"的技巧,设计制造出一种会飞的"飞龙"火箭。这种前后两端分别是木质雕刻的龙头龙尾,它们下面各装两个火箭筒,龙肚子里装有火药,用引信点燃后,可飞行约500米。谁来乘龙试飞呢?万户挺身而出,表示"不入虎穴,焉得虎子",愿意亲自进行一次飞行实践。这一天,在一座山坡上,聚集着观看飞行的人们。军中工匠们将一把椅子安放在一个木制构架上,构架四周绑上47支火箭,万户坐在椅子上,两只手各握着一只大风

筝。他打算等火箭升空后利用这两只大风筝带着自己在空中飞行。等一切都准备就绪后,他命令工匠点燃火箭,随着一支支火箭发出的轰响声,喷出一股股火焰,"飞龙"拔地升起,冲入半空……突然,火光消失,"飞龙"下坠,栽到山脚下,万户不幸牺牲了。1945年,美国火箭学家赫伯特·基姆在他出版的《火箭和喷气发动机》中也记载了这个故事。

万户是世界上第一个利用火箭向太空搏击的英雄。虽然万户的做法现在看来很可笑,然而在那个时代却是富有创造性的。他的努力虽然失败了,但他借助火箭推力升空的设想,比"现代宇航之父"齐奥尔科夫斯基在1903年提出的利用火箭进行星际旅行的设想早了几百年。他那勇于探索、不怕困难的精神则传承不息,永远激励着后一辈的航天人。万户被世界公认为"真正的航天始祖"。

知识链接 >>>

南宋时期,民间用火药制作了各式爆竹和花炮。有利用火药一次爆炸产生的反作用力升到空中,然后再引爆另一部分火药炸出响声的"二踢脚";也有利用自身的喷气反作用力向前推进的烟火"地老鼠";还有一种在头部绑着火药筒、尾部装上羽毛,点燃后用喷气推动飞行的"起花"。

航天人物

牛顿的"大炮"

1590年,意大利天文学家、近代物理学的鼻祖伽利略发现了自由落体定律。十几年后,德国天文学家开普勒经过辛勤的整理和计算,归纳出了行星绕太阳运行的三条基本规律——开普勒三定律。后来,英国大科学家牛顿综合了前辈们的天文学、物理学和力学成就,通过严密的数学推导,把地面上物体运动的规律和天体运动的规律统一了起来,论证出了万有引力定律。

万有引力定律使人们认识到:由于人与地球的质量相差太悬殊,所以人总是被地球巨大的引力束缚而不能离开地面。接着,牛顿在1687年完成的《自然哲学的数学原理》一书中指出:如果一个抛物体不受地球引力的作用,就会沿着一个方向向太空深处飘游,浪迹天涯,永远不会回到地球。为此牛顿曾设想制造一座高射大炮,架在高山之上,炮弹平射出去,在获得足够大的速度之后,距地面越来越远,而受到的地球引力也就越来越小,以至能飞到足够远的地方环绕地球飞行而不致掉下来；如果速度再大，甚至会飞离地球轨道而进入宇宙空间漫游。但牛顿设想的高射大炮并没有制造出来，后来的一系列发现也证明这种高射大炮不可能被造出来。

随着人类向宇宙深处探索的延伸，现在问题已经明朗了，要离开地面，就要克服地球引力。如何才能克服地球引力呢？克服引力究竟需要多大的能量？飞行器在突破引力束缚时所需要的最低速度是多少？

根据牛顿提出的理论，人们很快找到了答案。经计算，如果一个物体达到7.9公里/秒的速度，就能使地球对它的吸引力，即物体的向心力与它的离心力保持平衡，物体便可不再坠落到地面，而是环绕地球运行，并与到地面的距离始终保持不变，这个物体就成为地球的一个卫星，环绕地球飞行。这个速度被叫作"第一宇宙速度"，或称"环绕速度"。人类要实现航天的愿望，首先要突破"第一宇宙速度"，这是摆脱地球束缚的第一步。如果按照牛顿的设想，要使炮弹达到7.9公里/秒的速度，炮身需要1公里长，很显然这是无法办到的事情。

如果物体运行的速度再提高，那么它离地球中心的距离就会越来越远，同时飞行速度逐渐减小，飞行轨道变成一个椭圆形；并随着速度的增加，飞行曲线越来越平滑。当速度大到11.2公里/秒时，则椭圆形的曲线就会裂口，地球引力就再也不能对这个物体起作用了。于是，它就会飞离地球，成为太阳系中的一颗行星。这个速度被叫作"第二宇宙速度"，或称"逃逸速度""脱离速度"。

当这个物体的速度再增加到16.7公里/秒时，太阳的引力就会显得无能为力，也管束不了它，只好让其飞出太阳系，到更加广阔的宇宙空间任意遨游了。这个速度被称为"第三宇宙速度"，目前只有火箭才能突破该宇宙速度。

地球上发射的物体达到什么速度才可以摆脱银河系引力的束缚，飞出银河系呢？由于人们尚未确切知道银河系的准确大小与质量，因此只能粗略估算，需要达到110—120公里/秒，目前还没有航天器能够达到这个速度。

知识链接 >>>

牛顿除了在力学方面的成就外,在其他学科也有突出贡献。在数学方面,牛顿与莱布尼茨独立发展出了微积分学,并为之创造了各自独特的符号;在光学方面,他发现白光是由不同颜色的光混合而成的,创立了光的"微粒说",从侧面反映光的运动性质;在热学方面,牛顿确定了冷却定律;在天文学方面,他创制了反射望远镜。如此众多的成就,称他为百科全书式的"全才",实至名归。

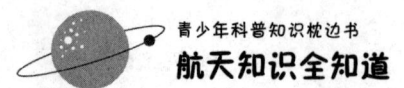

"滑翔机之父"李林塔尔

在滑行飞行的实践上,最有名的探索者是奥托·李林塔尔,他最早设计和制造出实用的滑翔机,人称"滑翔机之父"。

李林塔尔出生在德国的一个贫困家庭,从小就对飞行有着浓厚的兴趣。14岁那年,他和弟弟还模仿鸟儿飞翔,他们用环扣把自己做的翅膀扣在胳膊上,从很高的地方跳下来,最后的结果当然是以失败告终。由于家里穷,李林塔尔没能上大学,从工艺学校毕业后,便到一家工厂当工人。不久,心灵手巧的李林塔尔就调到了厂里的设计室工作,两年后,他获得了一笔微薄的助学金,有了这笔钱,

他可以到柏林工艺学院学习,于是又做起了飞行梦。他用一种叫"阀舌"的机械装置来模仿鸟的翅膀。在他看来,人不能飞起来,是因为没有翅膀,只要有能让人飞起来的翅膀,人就能像鸟儿一样飞翔。李林塔尔当时不知道,哪怕把鸟儿的翅膀安在人的身上,人也是飞不起来的。因为人不像鸟儿那样,具备飞行的素质。人的体力有限,不可能像鸟儿那样不停地运动,人的外形和体重也根本不可能在空中飞翔。鸟儿为了飞翔,骨头构造是很

航天人物

特别的——都是空心的。所以,李林塔尔把"阀舌"安在自己的身上,再次进行飞行试验,结果还是以失败告终。

李林塔尔终于认识到,人是不可能像鸟儿那样飞翔的,但可以借助其他物体飞上蓝天。明白了这一点后,李林塔尔开始进行滑翔机的研究和试验。那时候的李林塔尔已经是一名机械工程师了。他建了一个机器工厂,用机器工厂创造的财富为他进行飞行试验提供所需要的资金。

1891年,李林塔尔终于制造出第一架能实际滑翔的滑翔机,它的外表颇像一只伸展双翼的大鸟,尾部也与鸟尾大同小异,高高翘起。它是用棉布、竹片和藤条制成的。其显著的特点是两副翼面为弓形,是现代伞翼滑翔机名副其实的鼻祖。李林塔尔驾着这只"大鸟"成功地进行了滑翔飞行。在此后的几年时间里,李林塔尔又先后制造了18种不同的滑翔机,其中有12种是单翼机,6种是双翼或多翼机。他的滑翔机除了机翼面积的大小和布局不同外,机翼形状几乎是一样的,很像天空中飞行的鸟的翅膀。为了更好地开展试验,他在柏林附近修建了一个试验场。1894年,李林塔尔从一处悬崖上起飞,成功地滑翔了350米,这在当时是一个惊人的成就。他仔细地将自己的成就记录下来,使之成为航空史上最早的飞机性能记录之一。

李林塔尔并不满足已有的成绩,他觉得自己对滑翔机的操纵控制还不是那么熟练,还没有达到随心所欲的地步。他不厌其烦地继续做滑翔试验。从1891年到1896年,他的飞行试验次数多达2000次。随后几年,李林塔尔制作的滑翔机飞得越来越好,最远一次达到1000米。李林塔尔的大名一传十,十传百,有关他的新闻不胫而走,传遍全球,人们授予他"蝙蝠侠"的美称。

1896年4月9日,李林塔尔操纵他的滑翔机从德国斯图伦附近的山坡上起飞了,凭借一股有力的风势,他一下子腾到高空。李林塔尔非常兴奋,却全然不知由于上升迎角太大,滑翔机已达到了失速的边缘。正当他试图尝试一种新的控制方法时,这个"双翼蝙蝠"突然头向下,一直栽向地面。滑翔机摔毁了,李林塔尔也受了重伤——脊椎骨折。人们急忙将他送往医

院。在赶往医院抢救的途中，弥留之际的李林塔尔对他的弟弟古斯塔夫说出了最后一句话："总要有人牺牲的……"

　　实用飞行史上，在莱特兄弟之前，李林塔尔的名字是最伟大的。李林塔尔从14岁开始便矢志飞行，为其整整奋斗了34年。他的大量飞行实践和研究为后来的飞机研究者提供了宝贵的经验，直接帮助了飞机的发明人莱特兄弟的成功。德国为了纪念李林塔尔的功绩，为他立了一座纪念碑，上面写着"最伟大的老师"。

知识链接 >>>

　　滑翔机大多是没有动力装置、重于空气的固定翼航空器。可由飞机拖曳起飞，也可用绞盘车或汽车牵引起飞，还可从高坡上下滑到空中。在无风情况下，滑翔机在下滑飞行中依靠自身重力的分量获得前进动力，这种损失高度的无动力下滑飞行称滑翔。在上升气流中，滑翔机可像老鹰展翅那样平飞或升高，通常称为翱翔。现代滑翔机主要用于体育运动。

莱特兄弟造飞机

像鸟儿一样在天空飞翔,自古以来就是人类的梦想。为了它的实现,人们付出了坚持不懈的努力,许多先驱者甚至付出了生命的代价。1903年12月17日,世界上第一架载人动力飞机终于在美国北卡罗来纳州的基地霍克飞上了蓝天。这架飞机被叫作"飞行者"1号,它的发明者就是美国的威尔伯·莱特和奥维尔·莱特。他们的飞行表演拉开了世界飞机飞行的序幕,因此,他们当之无愧地被世人公认为"飞机之父"。

莱特兄弟出生在美国俄亥俄州的一个工人家庭,由于家境贫寒,兄弟俩只读到中学就不得不辍学来挣钱养家。他们靠修理自行车为生。然而,两人的志向并不是做安安稳稳的修车匠,而是要成为勇于探索的机械设计师。两人在工作之余,把目光从陆地上的交通工具转移到天空,研究人类对飞行器的设计和飞行的各种经验,几年工夫,他们成为远近闻名的航空问题专家。

莱特兄弟早期进行了大量的滑翔机设计和飞行,体会过无数次失败的

苦涩，也品尝到了成功的甘甜。在熟练地掌握了滑翔机的设计和操作后，两人又思索，能不能不用风力，而用自身的动力使滑翔机飞起来呢？什么样的动力能够让笨重的滑翔机飞上蓝天呢？

一天，一辆汽车停在了兄弟俩的车行门前，司机向他们借一件工具。眼前的汽车激发了两人的灵感，驱动汽车的发动机不就是最好的动力来源吗！莱特兄弟马上计算了滑翔机能够承载的最大重量，结果是，装在滑翔机上的发动机不能超过90千克。而当时最轻的发动机也有190千克，显然不能用在飞行器上。但在勇敢的探索者的头脑中，是没有"不能"两个字的。工厂不能制造符合规格的机器，莱特兄弟就请制造发动机的工程师专门设计一台。这位工程师没有辜负两人的期望，拿出了一部12马力、重量只有70千克的汽油发动机。兄弟两人非常高兴，立刻将发动机安装到了滑翔机上。为了带动飞行器前行，两人还设计出了螺旋桨。此时的飞行器已经不能叫滑翔机了，我们应该叫它飞机才对。兄弟俩进行了多次试飞，然而不是由于驾驶技术欠佳，就是发动机出了故障或者螺旋桨出了毛病，几次试飞均以失败而告终。

就在莱特兄弟加班加点地试飞时，传来了兰利制作的飞机试飞失败的糟糕消息。美国人开始谴责类似的试验，认为将纳税人的钱投入到这种虚无缥缈的空想中，是一种浪费行为。人们对飞机能够飞上蓝天充满了不信任。虽然自己的努力难以得到人们的认可，但莱特兄弟并不气馁，而是来到兰利飞机失事的地点，仔细考察了那架飞机的设计，从中获得有益的启示。他们认为，失败的飞行同样能够给人们提供前进的路标。为了不引起公众的干预，他们的研制工作尽量秘密地进行。

1903年12月17日，激动人心的时刻终于到来了，莱特兄弟相信可以在公众面前安全地展示飞机的飞翔魅力，因此举行了一次公开的飞行。这天上午10点钟，天空乌云密布，寒风刺骨。被兄弟俩邀来观看飞行的农民冻得直打寒战，一再催促兄弟俩快点飞行。这次由奥维尔试飞，只见他爬上飞机，伏卧在驾驶位上。一会儿，发动机开始轰鸣，螺旋桨也开始转动。突然，飞机滑动起来，一下子升到3米多高，随即水平地向前飞去。"飞起来啦！飞起来啦！"几个农民高兴地欢呼起来，并且在飞机后面追赶着。飞机飞行了30米后，稳稳地着陆了。威尔伯冲上前去，激动地扑到刚从飞机里爬出来的弟弟身上，热泪盈眶地喊道："我们成功了！我们成功了！"这是人类历史上第一次驾驶飞机飞行成功，莱特兄弟把这个消息告诉报社，可报社不相信有这种事，拒不发布消息。莱特兄弟并不在乎，继续改进他们的飞机。不久，兄弟俩又制造出能乘坐两个人的飞机，并且，在空中飞了一个多小时。两人打算将它赠送给美国政府，没想到政府官员并不认为这是什么伟大的成就，居然拒绝了他们的好意。看来攻克机械技术容易，攻克人们头脑中的陈旧观念却很艰难。1908年，两人受法国的邀请，带着自己的样机来到巴黎，在无数的观众面前，驾驶飞机自由自在地划过天空，在场的欧洲人被他们神奇的表演征服了，他们也因此在1909年获得美国国会荣誉奖。同年，他们创办了"莱特飞机公司"。

自从莱特兄弟发明飞机以来，飞机以其他运输工具无法比拟的独特优势，越来越为人们青睐，在世界各国得到了迅速的发展。可以说，莱特兄弟的发明改变了人类的交通，影响了经济、生产和人们的日常生活。

知识链接 >>>

威尔伯·莱特于1912年5月29日逝世，年仅45岁。此后，奥维尔·莱特又奋斗30余年，使莱特飞机公司成为世界著名的飞机制造商，资产高达百亿美元。奥维尔·莱特于1948年1月3日逝世。莱特兄弟为现代航空工业的发展做出了杰出的贡献，实现了人们多年来的梦想。他们的名字将永远留在史册上为后人所敬仰。

中国航空先驱冯如

在莱特兄弟的带动下,世界各地涌现出一大批航空时代的弄潮者。在这些弄潮者中也有中国人,一位与莱特兄弟生活在同一个时代的中国留学生,在美利坚的大地上,完全依靠自己的聪明才智,设计、制造和驾驶了中国历史上的第一架飞机,他就是我国的航空先驱——冯如。

冯如1883年生于广东恩平的一家农户,自小聪明好学,十几岁时随一位表亲到美国旧金山谋生。10年工夫,他有了较好的机械学和电学基础,并掌握了不少机械制造技术。正当冯如潜心研究和制造机械的同时,传来了日本帝国主义强占我国旅顺口、大连和中东铁路的消息。冯如为祖国的不幸感到痛心,他发誓要用自己的一技之长报效祖国。起初,他想制造一艘军舰献给祖国,以加强中国的海防力量。当时,由于莱特兄弟发明了飞机,在国际上引起强烈的反响。各国纷纷研制飞机、飞艇、航空武器作为当时国防的先进装备。冯如想,制造一艘军舰,要耗费数百万美元的金钱,不如造数百架飞机,价廉省工,用处更大。

研制飞机,首先遇到的困难是缺乏资金。冯如变卖了自己所有的金银玉器,仍不能解决问题。于是,他在当地华人华侨中募集资金,成立中国人的第一家飞机制造公司。当时莱特兄弟的飞机刚刚试飞没有多久,为了保持垄断地位,他们把所有资料全部封锁起来。冯如他们只能靠自己掌握的空气动力学的知识,白手起家绘制设计图纸。为了了解当时各国研制飞机的情况以吸取别人的长处,冯如把自己生活上节省下来的钱全部购买了报纸和杂志,他起早贪黑,没日没夜地钻研,攻克了一个又一个技术上的难关。经过半年的努力,第一架飞机终于制造出来了。看着自己研制的飞机,冯如兴奋得流下了眼泪。

1908年4月,冯如在奥克兰市的麦园进行试飞。他的朋友们为了安全起见,劝他换一个人试飞,冯如婉言谢绝了他们的好意。随着轰鸣的马达声,飞机离开了地面。当升至数丈高的时候,一个倾斜,飞机突然坠落在地上。围观的群众呼唤着冯如的名字,向飞机跑去,而冯如却若无其事地从残损的机翼下钻了出来。冯如一行人回到了公司,谁知此时他们的厂房已被一场大火化为灰烬,他们几个月来辛辛苦苦绘制的图纸资料被大火烧得干干净净。

冯如历尽千辛万苦又一次募集到一点资金,重新购置了工具器材,在奥克兰的麦园支起了帐篷,矢志不渝地研制起来。他和同伴们搜集了大量的资料,将它们汇集成册。经过周密的计算,重新设计绘制零件制作图,精心生产出机翼、方向舵、螺旋桨、内燃机等部件,经过组装,一架全新的飞机诞生了!1908年9月21日,冯如在哥林达市再次驾机试飞。飞机在他的操控下,腾空而起,飞行了2600多英尺(1英尺约为0.3米)之后缓缓降落在草坪上。"成功了!我们成功了!"围观的朋友们欢呼起来,他们拥向飞机,把冯如高高举起。经测定,冯如的飞机首飞距离达2640英尺,比莱特兄弟的飞机首飞纪录还要远1788英尺。

1910年,冯如在美国又设计和制造了一种性能更好的飞机。这年10月,旧金山举办国际飞行比赛,冯如驾驶着他新设计的飞机参赛,以700多英尺的飞行高度和65英里(1英里约为1.6公里)的时速打破了一年前

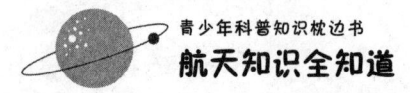

在法国举办的第一届国际飞行比赛的世界纪录，荣获优等奖，再一次使中国人的航空技术超过了西方。此时冯如已经成为举世公认的飞机设计师、制造工程师和飞行家。

冯如的名声越来越大，不惜重金聘用冯如的外国公司越来越多。为了争夺制空权，欧美各国都在积极发展航空事业，他们拼命地网罗航空方面的专业人才。冯如一心想的是发展中国的航空事业，想的是为中国多制造一些飞机，所以他断然回绝了各国的聘请，寻找机会为祖国服务。当时的清政府也在着手筹建空军，他们托人到美国找到冯如，希望他回国做事。冯如喜出望外，当即表示同意。1911年2月，冯如和他的助手携带着他们自制的两架飞机以及制造飞机的机器，踏上了归国的航程。

经过一个多月的航行，冯如一行人顺利抵达香港，清政府派了军舰专程迎接，将飞机和机器安置在广州郊外，冯如原准备在广州郊外为国民演示飞机驾驶，但因革命党人发动的黄花岗起义爆发，此计划未能实现。随着革命高潮的即将来临，清政府对冯如越来越不放心，他们不仅取消了飞行表演的计划，而且还派人监视冯如的行动。反动政府的昏庸和腐败，使冯如非常失望。正当冯如陷于极度苦闷之中的时候，辛亥革命爆发了。冯如毅然参加了革命军，投入到推翻清王朝、建立共和国的革命洪流中。革命军委任冯如为陆军飞机长，授权冯如准备组建飞行侦察队，配合北伐军对清军进行空袭。后来由于南北统一，飞行侦察队未能组建起来。孙中山先生就任南京政府临时大总统以后，非常重视发展中国的航空事业。他积极筹建南京机场，并在1912年2月举行了中国第一次航空飞行演习。在这次演习中，冯如等人驾驶的飞机由于中途发生了故障，飞行数丈后即降落，飞机也有所损坏。尽管这次演习未获得成功，但是它的政治作用达到了，各报相继报道了这一消息，并在全国引起了积极的反响，因为这毕竟是中国人第一次在自己的国土上使用自己的飞机进行的飞行演习。

1912年8月5日，经中华民国临时政府批准，冯如在广州郊区进行了第二次飞行表演。那一天，广州城外的天气格外晴朗，机场的周围坐满了前来观看表演的群众，他们都在急切地盼望着那一时刻的到来。中午11点左右，冯如健步出现在观众面前。他头戴飞行帽，身穿飞行衣，显得格外精神。在一片欢呼声中，他简单地介绍了飞机的性能，然后登上了飞机，为观众做飞行表演。伴随着马达的轰鸣声，飞机升上了高空。冯如驾驶着自己制造的飞机在蓝天上悠悠飞翔。飞机像一只矫健的银燕，忽高忽低，忽左忽右；看台上欢声雷动，鼓乐齐鸣，共同为祖国航空事业的伟大壮举而欢呼。飞机的空中技巧表演结束后，冯如准备着陆。突然，他看见远远的跑道上有两个儿童在嬉闹，不幸的事件即将发生。就在这千钧一发的时刻，冯如猛拉操纵杆，脚踩加速器，飞机像一只发疯的雄鹰，猛然冲上天空，一场突如其来的灾难避免了。但是，由于冯如用力过猛，飞机失去了平衡，在抖动中，部分零件损坏，飞机突然坠落在草地上。周围的观众像潮水一般向着冯如涌来。当他们把冯如从飞机的残骸中救出来的时候，冯如的头部、胸部、腹部等都受了重伤。观众噙着泪水把冯如送到医院，但经抢救无效，冯如长眠在了鲜花之中。那一年，冯如只有29岁。冯如牺牲后，被追授为陆军少将，临时大总统孙中山称他为"民国第一飞行家"。

冯如一生短暂，却凭着自强不息、永不服输的精神在中国航空史上创下"九个第一"。他的故事告诉我们：只要艰苦奋斗，刻苦钻研，勇于创新，就会成为一名像冯如一样热爱祖国、为国争光、为中华民族争气的栋梁之材。

知识链接 >>>

1912年11月16日，中华民国临时大总统孙中山下令褒扬冯如始创中国飞行的贡献，将其事迹宣付国史馆，并拨款1000元抚恤其家属。冯如后人及其飞机助手等遵照他的遗嘱，将其遗体葬于黄花岗。墓上建一花岗石的方形碑塔，将冯如事迹及民国临时大总统的褒扬、抚恤令镌刻其上。2009年，中国航空百年暨空军建军60周年之际，中国空军授予冯如"中国航空之父"的称号。

"宇航之父"齐奥尔科夫斯基

1857年9月17日，齐奥尔科夫斯基出生于俄国伊热夫斯科耶镇（今属梁赞州）一个美丽的村庄。这个家庭有7个孩子，齐奥尔科夫斯基排行第五。他的父亲以正直闻名，特别爱好建筑，曾经带领着几个孩子一起造过楼房和宫殿的模型，还总是不停地告诉几个儿子要多做体力活儿，要自立。他的母亲活泼、热情，同时也非常能干。

童年的齐奥尔科夫斯基活泼伶俐，爱读书，喜欢思考问题，尤其是爱不着边际地幻想。由于家里的条件不好，齐奥尔科夫斯基不能到学校读书，他受过的唯一正规教育是在伊热夫斯科耶乡村上过一段时间的村办学校。但不幸的是，他10岁的时候，因滑雪得了严重的感冒，导致猩红热，最终几乎丧失了听觉，齐奥尔科夫斯基也因此成了邻近的儿童们嘲笑的对象。虽然这个生理缺陷使齐奥尔科夫斯基同人们疏远了，但他却从此更加发愤读书。他在母亲的耐心指导下补习功课，读书写字。两年后母亲去世，他只好在家自学。靠顽强的毅力，他5年学完了中学课程。在齐奥尔科夫斯基16岁的那年,父亲用积攒的钱送他到莫斯科去求学。他在莫斯科的3年多时间完全钻进图书馆里。家里每月给他寄来15卢布生活费、学习费,他只吃最简单的面包和蔬菜,把节省下的钱都买了书和实验用品。由于长期营养不良,他的体质越来越弱。1876年,齐奥尔科夫斯基被父亲召回了家。

1877年秋天,齐奥尔科夫斯基通过了乡村中学教师资格考试。4个月后,他被任命为卡卢加省波罗夫县一个中学的数学教师。在教学之余,齐奥尔科夫斯基潜心于研究宇宙航行问题,提出了关于人造卫星和"宇宙飞船"的构想。为了研究气流对飞行器的影响,他竟像孩子一样,迎着大风身披被单猛跑,或者拽着风筝在泥泞的路上奔跑,因此还招致一些人的嘲弄和冷遇,甚至有人把这位耳聋的中学教师视为精神不正常的怪人。齐奥尔科夫斯基后来在波罗夫县租了两间房子住了下来,房东是一个寡妇,有一个女儿叫索科洛娃,后来他与索科洛娃结了婚。

1881年,齐奥尔科夫斯基对气体理论进行了大量思考和研究,并完成了一篇论文,送交彼得堡的物理和化学学会。学会的科学家看到齐奥尔科夫斯基的论文后十分惊讶。因为论文的内容和结论完全正确,但这一问题早在20多年前就已得到了圆满解决。科学家们没有把这个年轻人看作是骗子或剽窃者。他们认为:这位年轻学者可能与外界缺乏联系,并不知道他的"发现"已经问世多年了。此后不久,成功发现元素周期律的著名科学家门捷列夫给齐奥尔科夫斯基写了一封措辞谨慎的信,对他的工作和成绩表示赞赏,还给予他鼓励,希望他将来取得更大成绩。

1883年,齐奥尔科夫斯基把自己的研究成果写成论文《外层空间》。他断定火箭能在太空的真空环境中飞行,同时描述了征服宇宙空间的火箭发动机原理。此外,他还写了一本叫《在地球之外》的科幻作品,设想科学家制造出一种长100米、直径40米的纺锤形"火箭航天船",靠一种"宇宙枪"喷出气体,以此来推动航天船进入环绕地球的轨道飞行。航天船搭载20人,船内栽种着蔬菜和水果,携带足够的食品和用具,然后飞往月球。月球船中有两人开动月球车游览月球,看到了使人眼花缭乱的多姿多

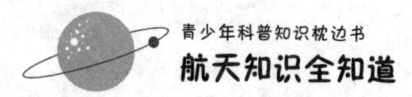

彩景象。若干年后，航天船平安返航，降落在大洋上，胜利结束了一次难忘的宇宙航行。这个构想与今天的载人飞行有惊人的相似之处。

1892年，齐奥尔科夫斯基到卡卢加定居，致力于宇航的理论研究与实践。从1896年起，他就开始撰写自己最重要的科学著作——《利用喷气工具探测宇宙空间》。在这部惊世的著作中，他提出了宇宙航行学中的一个重要的基本公式——齐奥尔科夫斯基公式。在正式发表时，他还把引力和空气阻力等因素考虑进去，并勾画出液体火箭发动机的草图。在自己研究成果的基础上，他进一步表现出超凡的才华，设想出许多提高火箭速度的方法。尤其令科学家瞩目的是，他最先倡导建造"梯级或列车式"火箭，即多级火箭，通过缜密的物理论证和精确的数学计算，他得出了结论：火箭若能越来越轻，便能越飞越快；火箭还可以一枚一枚地"串联"起来，当下一级的火箭燃料用尽后便自行脱落，而上一级的火箭则获得了新的速度。他以极高的想象力，同时指出，若干枚火箭也可以"并联"集成一束。这位伟大的宇航科学家，在著作中还研讨了火箭的最佳形状、火箭与空气摩擦引起的发热问题，指出宇宙航行的火箭应采用能量较高的液体燃料。他的深入研究，使他能最早建议用液氢和液氧作推进剂，利用阀门调节燃料的流量，以便控制火势和速度；他还提出研制回热冷却式发动机的设想……他的研究成果在当时是相当深奥的。当时的人们没有能力判断这些火箭构想的科学价值。因此，这部惊世的科学巨著屡遭坎坷，难以出版。直到美国莱特兄弟所造飞机试飞的1903年，这部巨著才在莫斯科的《科学评论》杂志上发表。

十月革命改变了齐奥尔科夫斯基的生活和研究条件，他的社会地位也有了很大的提高。1919年他被选为苏联社会主义科学院的会员，1921年苏维埃联邦社会主义共和国人民委员会决定给予他个人特殊养老金。从那时起，他更加勤奋地专注于航天学的研究。他在一篇名为《太空火箭工作：1903—1927年》的文章中，系统总结了他在火箭和航天学研究过程中所做的工作和取得的成就，进一步提出研制宇宙火箭列车即多级液体火箭以实现宇宙航行的构想，但是鉴于当时的工业水平和技术条件，他难以亲眼看

到这种火箭升空的情景。即使如此,齐奥尔科夫斯基也没有丝毫的犹豫,对自己毕生的奋斗目标充满了信心。

在齐奥尔科夫斯基的论文和著作的影响下,一批火箭和航天爱好者走上了航天探索的道路。他的成就也被欧美广泛承认,德国航天先驱奥伯特曾在致齐奥尔科夫斯基的信中说:"您已经点燃了火炬,我们绝不会让它熄灭。让我们尽最大的努力,以实现人类最伟大的梦想。"随着世界范围内火箭和太空飞行研究热潮的兴起,齐奥尔科夫斯基的名望在迅速提高。1932年在他75周岁生日时,苏联的各大报纸和杂志都刊登了有关他的事迹和科学成就的长篇文章,斯大林也向他发去了生日贺电,一时间这位老人成了苏联杰出的人民英雄,被誉为"俄罗斯航天之父""世界上最伟大的航天先驱者"。

1935年,这位苏联火箭之父的心脏停止了跳动。但苏联科学家沿着他的足迹前进,于1957年发射了世界上第一颗人造地球卫星。

知识链接 >>>

1935年9月19日,齐奥尔科夫斯基逝世于卡卢加,享年78岁。今天,在航天界仍然流行着一句名言,这是齐奥尔科夫斯基在给《航空评论》杂志的信中写下的:"地球是人类的摇篮,但人类不可能永远被束缚在摇篮里。"苏联政府为他建立了纪念像,并在卡卢加市建立了齐奥尔科夫斯基博物馆;月球上有一个以他的名字命名的环形山,第1590号小行星也是以他的名字命名的。

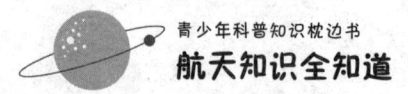

戈达德的贡献

液体火箭是齐奥尔科夫斯基等火箭与航天先驱者所极力倡导的。但由于条件所限，他们没能完成液体火箭的研制。20世纪20年代初，另一位航天先驱罗伯特·戈达德终于成功地研制出了液体火箭。

罗伯特·戈达德于1882年10月5日出生于美国马萨诸塞州伍斯特城的一个新英格兰后裔家庭。戈达德小的时候，母亲患上了肺结核，身体极度虚弱，那时肺结核是无药可治的。戈达德也经常生病，没法坚持正常上学。17岁时，戈达德上了伍斯特南方中学。后来，戈达德的父亲倾其所有照顾患病的爱妻，没钱再为罗伯特中

学毕业后求学交学费了。戈达德从别处得到了资助，上了伍斯特综合技术学院。在这里，他遇到了很好的老师，成了数学和物理学的行家。戈达德在伍斯特综合技术学院完成了学业，留校当了一名物理教师，后来又上了克拉克大学。

戈达德一直相信人类能够穿越太空去到另一个星球，他宣称只要有威力足够强大的火箭，就可以把人射到月球去。在克拉克大学的一年后，戈

达德去了新泽西州普林斯顿学院对火箭作进一步研究。

第一次世界大战期间,戈达德来到威尔逊实验室,主持由美国陆军资助的反坦克火箭的研究,这种火箭成为第二次世界大战中反坦克火箭的原型。1918年11月,第一次世界大战即将结束前,戈达德设计并制造出了铁筒小型火箭弹样机,并成功地进行了一次示范表演。由于第一次世界大战很快结束,这项成果就被束之高阁了。

1919年,戈达德把他10多年精心计算和研究的成果归纳成一篇论文,交给斯密森研究院审查。这篇名为"到达极限高度的方法"的论文,年底发表在《斯密森杂文集》的71卷第2期上。论文中,戈达德论述了火箭运动的数学原理和计算方法,讨论了宇航的原理,并用图片说明了火箭抵达月球的方法。然而,这篇论文带给戈达德的并不是荣誉,而是冷嘲热讽。当美国新闻界得知这一论文后,在报刊上进行了铺天盖地的夸大宣传和冷嘲热讽,一些报纸公开宣称戈达德是科学疯子,说他用火箭登月的建议说明他连中学程度的知识都不具备。电影明星玛丽·碧克馥以轻佻的口气给戈达德写了一封嘲讽的信,信中说:"请阁下在第一次乘火箭飞赴月球的途中,给玛丽·碧克馥小姐寄来一封信。"

面对新闻界和其他各界人士的无知和嘲弄,戈达德没有生气,他甚至对这些人的行为不理不睬,用理智压抑着胸中的怒火,埋头致力于火箭技术的理论研究,他决心用现实回敬那些不懂装懂的人们。在理论研究告一段落时,戈达德一边在课堂上向学生们传授自己创立的宇宙飞行新理论,一边转向从事机械和装备的设计,试验各种燃料,制造火箭样机,并进行静态试验和飞行试验。

戈达德的试验场设在马萨诸塞州奥本郊区的沃德农场。1923年,他成功地进行了世界上第一个用汽油和液氧作为燃料的液体火箭发动机的地面静态试验。1925年,戈达德在克拉克大学物理实验室内成功进行了火箭静态试验,制造了可供飞行试验的液体火箭样机。

1926年3月16日是世界火箭发展史上一个永不磨灭的日子。这一天下午2时30分,在大雪覆盖的试验场上,戈达德架起了一座两米多高的发射架，上面竖着一枚高约 3.9 米、用液态氧和汽油做推进剂的火箭。开始发射了，火箭下面喷出燃气，火箭直往上蹿，飞了 12 米高、56 米远，整个飞行时间仅 2.5 秒。这和现代的火箭相比，自然不可同日而语，但它毕竟是世界上第一枚发射成功的液体火箭。戈达德为试验成功兴奋不已，激动地喊道："这一下我可创造了历史！"这以后，戈达德在成功的喜悦中继续研究，终于制造出了更大的液体火箭。1929 年 7 月 17 日，他在农场发射了一枚载有气压计、温度计和照相器材的气象火箭，这是全球第一枚装载有测量工具的气象火箭，仪器由降落伞回收。成功的喜悦再度充满戈达德的胸怀，他一鼓作气地造出了第二枚气象火箭。这一次非常不幸，火箭巨大的轰鸣声和嘈杂的噪声终于将一直对戈达德不满的警察、消防队和新闻记者招来了，警方给戈达德发出了最后通牒：立即停止进行中的试验，并不再允许其在马萨诸塞州进行此类古怪的试验。一家报纸在得知戈达德的升空记录后，幸灾乐祸地嘲弄道："月球火箭离目标差 238799 英里！"面对警方的指责、新闻记者的嘲讽，不屈的戈达德无可奈何地将他的试验场从马萨诸塞州迁到了另一个地方，重新开始了他的试验。然而，由于戈达德的试验支持者甚少，他的全部经费来源于斯密森研究院少得可怜的拨款。正当戈达德为自己的试验经费东奔西走时，一个令人鼓舞的消息传来了：第一个成功飞越大西洋的空中英雄林白上校渴望见到戈达德。林白上校因自己的英雄壮举而为著名财团古根海姆家族所崇拜，并成为这个家族的朋友。当他从报纸上得知戈达德的研究状况后，对戈达德的研究很感兴趣，决定助他一臂之力。林白告诉戈达德说，他已意识到火箭最终将是实现宇宙航行的唯一推进工具。"我们不妨去争取企业界的支持。"林白建议说。林白驾着自己的飞机，陪戈达德周游于各大企业，然而，尽管费尽口舌，仍没有哪家企业愿意资助。无可奈何之际，林白决定向自己的好朋友——古根海姆家族求援。在林白的周旋下，古根海姆基金会终于答应：从 1930 年起，在 4 年内向戈达德提供 10 万美元的研究经费。

有了经费的戈达德辞去了大学教授的职务，于 1930 年 7 月将试验场迁到了新墨西哥州的罗斯韦尔。在这里，戈达德不断改进他的火箭，最终使火箭飞行能够达到相当可观的高度和速度。戈达德刚开始发射的火箭，由于没有控制设备，火箭不能按预定的方向飞行，1932年，戈达德开始用高速旋转的陀螺来保持火箭的稳定性。陀螺能绕某一个支点自由旋转，最简单的陀螺就是民间玩具"地转子"或称"地牛"。当"地牛"在地面围绕自身轴线飞快转动时，你越使劲抽它，它就转得越欢，立得越稳；不使劲抽就转得慢，开始摇晃；如果不抽，"地牛"最终会倒地，这一特性就是旋转物体的定轴性。火箭装上这种陀螺就能扶摇直上了。火箭上升到一定高度后，还要改变方向，这就需要操纵。为了解决这个问题，戈达德发明了燃气舵，它的功用犹如飞机的方向舵，不过飞机的方向舵是靠外部气流的作用，使其偏转以改变飞机的航向的，而燃气舵却是装在火箭发动机的内部靠近喷口的地方，它利用燃气流的作用使其偏转，从而达到改变火箭方向的目的。1932年，戈达德完成了陀螺和燃气舵控制火箭飞行的试验。1935年，戈达德制造出速度超过音速的火箭，射程达到了70公里。1945年3月，当戈达德看到从德国运回的胜利品V-2火箭时，发现除大小不同外，这个火箭几乎与他的火箭完全相同。

1945年8月10日，戈达德因咽喉癌离开了人世。他共获得了214项有关火箭技术和航空技术的专利。他留下的报告、文章和大量笔记也成了后人一笔巨大的财富，戈达德也因此被称为"现代火箭之父"。

知识链接 >>>

罗伯特·戈达德不仅认识到火箭对大气研究、弹道导弹和太空旅行的潜力，而且是第一个科学研究、设计和建造实施这些想法所需的火箭的人。1959年的美国宇航局戈达德太空飞行中心就是以他的名字命名的；月球上的戈达德环形山也是以他的名字命名的。

欧洲火箭的大功臣奥伯特

1935年,戈达德制造的火箭的速度超过音速,射程达到70公里,他的成功使一大批火箭研制者受到鼓舞,德国的奥伯特就是其中一个。

奥伯特1894年6月25日生于赫尔曼施塔特,这个地方当时属奥匈帝国,由于边界的变更,后来属罗马尼亚。在他12岁的时候,就因凡尔纳著《从地球到月球》一书的影响而迷上了星际旅行。1913年,奥伯特到慕尼黑学医学,但第一次世界大战中断了他的学业。从1919年开始,奥伯特认真钻研物理,他阅读了所有他能找到的关于火箭和宇宙航行的著作,其中包括齐奥尔科夫斯基的著作。

1922年,奥伯特充分认识到太空飞行运载工具的研制已经不是一种推测,而是很快就将变为现实。他认为只有火箭才能在没有空气的太空中飞行,人完全可以乘坐这种飞行器到太空中飞行并且可以保证安全。奥伯特将他的研究成果进行了整理,写成了一篇论文《飞往星际空间的火箭》,并于1923年初发表。这篇论文提出以下四个论点:第一,以目前的科学知识水平,能够制造出一种机器,它可以飞到地球大气层以外的高度;第二,经过进一步改进,这种机器能够达到这样一种速度,使它不受阻碍地进入太空间而不返回地球,甚至能够摆脱地球的引力;第三,这种机器可以制造成载人的形式,而不会危及他们的安全;第四,在一定条件下,制造这样的机器是有益的,这样的条件有望在几十年内发展成熟。在文章中,奥伯特对以下问题进行了深入讨论,其中包括:对火箭运动的一般问题的研究,对他构想的高空火箭的描述,对理论上的"宇宙飞船"的描述等。

《飞往星际空间的火箭》经过修改和充实,于1929年改名为《通向航天之路》。这是一部相当全面的关于火箭和太空飞行的著作,出版后在德国引起了很大反响。1927年,德国一批火箭与航天飞行爱好者自发成立了"德国星际航行协会",奥伯特任会长。这个协会立下了"为人类造福"的宗旨。他们用简陋的液体火箭在柏林郊区的火箭发射试验场进行试验。1930年,奥伯特主持设计了一种锥形喷嘴火箭发动机,把它装在液体火箭上点火发射,燃烧90秒,试验成功了。这是德国星际航行协会研制的第一枚液体火箭。

奥伯特于1940年加入德国籍。不久后他就去了佩内明德研究中心参与V-2火箭的研制工作。在他的领导下,德国在第二次世界大战期间率先研制成功大型火箭武器,为航天时代的到来开启了大门。

第二次世界大战结束后,奥伯特留在德国,并回到他的家乡住了一段时间。1951年,他离开德国到美国与他曾经的助手布劳恩合作,共同为美国空间规划努力。这期间他写了两本书,一本是对10年内火箭发展的可能性所做的展望,另一本谈到了人类登月往返的可能性。1960年,奥伯特退休后回到德国。1989年12月,奥伯特去世,享年95岁。

知识链接 >>>

奥伯特的主要贡献是理论上的,他建立了下列条件之间的理论关系:燃料消耗、燃气消耗速度、火箭速度、发射阶段重力作用、飞行延续时间和飞行距离等。这些关系对火箭的设计来说是最基本的因素。奥伯特更多的是作为一个理论家,而不是一个试验家,影响了整整一代工程师。作为航天事业的奠基人之一,奥伯特被人们誉为"欧洲火箭之父"。

导弹奇才布劳恩

冯·布劳恩于1912年3月23日生在波森的维尔西茨（波森古时曾是普鲁士的一个省，第一次世界大战后划归波兰，现在波兰境内）。

布劳恩幼年时，德国人流行把火箭（许多是黑色火药和烟花火箭）绑在汽车、火车、船上创造速度纪录。此事对少年的布劳恩颇有影响，他一次买了6枚火箭装在一辆玩具车上并将其点着，几乎惹祸。但此事并未影响布劳恩对火箭的兴趣，他一有机会就燃放焰火火箭。与世人推测的相反，火箭天才布劳恩并不是一个读书天才。他除法语较好外，一些功课的成绩并不能让父母高兴，他的物理很差，数学竟然不及格，而这两门都是现今从事航空航天工程的基础课。父母为他的理科成绩担忧，便将他转入一所寄宿学校，他的成绩终于有所提高，但他最喜欢的还是木工、石工、农业种植，因此他小时候就曾自己动手制作汽车。

布劳恩中学毕业后，进入夏洛特堡工学院。德国高等院校历来注重学生的实际操作能力，布劳恩熟悉各种机床的操作和工艺，曾用了5周时间锉出来一个标准的金属立方体。

1910—1930年，欧美国家盛行研究各种火箭。当时的主流是固体燃料火箭，并少量应用在第一次世界大战当中，但一些富有远见的工程师指出：液体燃料火箭才是征服天空的首选。这时在德国已经有许多工程师研制出了各种火箭并积累了丰富的经验。奥伯特先生是德国当时最知名的火箭专家，布劳恩与他认识后，成为他的助手。奥伯特坚持认为：最好的火箭动力是液体燃料而非固体火药。此论点对布劳恩很有影响。奥伯特设计了液体发动机最初的装置，并且点火成功。他用的是液态氧和汽油。后来奥伯特离开了火箭研究，布劳恩和其他弟子把老师的火箭研究事业继续进行下去。20世纪30年代的德国受经济大萧条影响，失业严重。一些高级技工免费在布劳恩的火箭工厂里干活，一些大公司出于商业目的会给一些赞助，而绝大部分的成绩则依靠一群年轻人的献身精神。

　　1931年，布劳恩暂离火箭工厂到瑞士的苏黎世高等工学院进修。学成回国后，正赶上他的同事发射小型试验液体火箭——"米拉克"1号。虽然经过初次试验失败，但后来这种小火箭就不断成功发射了，布劳恩深感光凭工程学知识征服宇宙空间是远远不够的，他毅然转入柏林大学学习更多的物理、化学和天文知识。在柏林大学，有一批优秀教授任教。布劳恩的博士论文是关于液体火箭发动机中复杂的喷射、雾化、燃烧、离解、气态平衡和膨胀现象。后来，"米拉克"液体火箭引起了德国军方的关注。不久后，德国军方找到了布劳恩，从此，他开始为德国军方效力。在布劳恩的主持下，一批批火箭被研制了出来，这其中就包括在第二次世界大战期间给英国带来巨大灾难的V-2火箭，它在当时被人们称为"飞弹"。

　　第二次世界大战结束以后，布劳恩作为有特殊价值的战俘被抓去了美国。后来"冷战"开始，美国陆军想要一种远程导弹，甚至起了名字叫"红石"，军方决定让布劳恩主持研制，这位来自欧洲的火箭天才终于派上了用场。就这样，布劳恩在赋闲6年之后，又紧张地忙碌起来。1957年，"红石"火箭达到了2000公里的射程，射程更远的"丘比特"火箭也很快研制成功了。

　　1961年5月，美国总统肯尼迪宣布了载人登月的决定，宇航局随即实

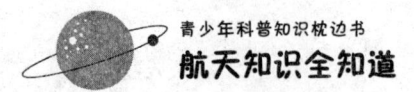

施了大规模的"阿波罗"计划,它为冯·布劳恩搭建了展示才华的舞台。

"阿波罗"计划前,研制火箭通常采用分级试验的方法,就是一次飞行只试验一级,以后再依次加上第二级、第三级。为了按时完成10年内登上月球的任务,美国宇航局载人航天飞行办公室主管乔治·缪勒提出了一个令人吃惊的决定——全载荷试验。这个决定改变了以往的做法,第一次就将各级火箭组装在一起发射,这无异于把所有的鸡蛋都放在一只篮子里,因此第一次听到这个决定后,马歇尔航天中心的火箭专家都表示怀疑。一位实验室的主任对宇航局的一位官员说:"你一定是神经错乱了。"可是,冯·布劳恩却公开支持全载荷试验,见到这种情况,许多高级官员也只好不再坚持反对意见。事实证明,乔治·缪勒的决定是对的,冯·布劳恩的坚持也是对的。1967年11月9日,"土星"5号第一次发射就大获成功,每一级火箭都工作得完美无缺,全载荷试验为"阿波罗"计划赢得了时间。"阿波罗"计划的成功很大程度上取决于"土星"系列火箭的成功。"土星"系列火箭前后共发射了33次,全部取得了成功,可靠性达到100%,而世界上其他系列火箭的可靠性没有一种超过97%。这种超乎寻常的成绩,来源于冯·布劳恩德国式的严谨,来源于他一丝不苟的质量管理。一次,"土星"1B火箭在试验和清洗时发现发动机里存有多余物,冯·布劳恩立即采取了有力措施,并写信给承包商洛克达因公司指责对方的问题,他警告说:"如果这种情况继续下去,将会引起严重事件。"对冯·布劳恩的这种严谨态度,最应该表示感谢的是宇航员们,"土星"5号在历次登月飞行中都完美无缺顺利地完成了任务,没有一个宇航员伤亡。

1970年2月,即"阿波罗"13号飞船发射前两个月,冯·布劳恩告别马歇尔航天中心,前往华盛顿担任宇航局副局长。载人登月成功后,布劳恩提出了载人登陆火星的建议和设想。但国会议员们拒绝了他的火星飞行计划。载人火星计划流产了,"阿波罗"计划接近了尾声。当时冯·布劳恩才60岁,还不到宇航局65岁的法定退休年龄,然而他认为自己在宇航局已经没有什么大事可干了。1972年6月19日,也就是"阿波罗"16号发射两个月后,为美国陆军工作了15年,为宇航局工作了12年的布劳恩出

航天人物

人意料地辞去了宇航局副局长的职务，加入了费尔柴尔德公司。这是一家著名的航空航天公司，也是天空实验室轨道舱的承包商。布劳恩转入该公司后，一直从事广播电视通信卫星的研制工作，直至1977年去世。

知识链接 >>>

布劳恩为纳粹德国工作11年的经历使他成为了世界上最危险的人物，而他后半生为人类航空航天事业所做的贡献无法衡量，现代科学家的困境在他身上彰显得淋漓精致：科研活动到底应该为某个国家服务，还是为人类服务，这永远是科学家们需要权衡的问题。

导弹开拓者多恩伯格

第二次世界大战期间，德国的空军和海军逐渐重视火箭导弹武器，并各自进行研制工作。由于缺乏统一的领导，三军之间出现了各搞一套的混乱局面。因此，德国采取了一些必要的措施。第一个措施就是任命了一名佩内明德军事基地司令官兼三军火箭武器装备研制负责人——多恩伯格。

多恩伯格于1895年9月6日出生在德国黑森州吉森城。他1914年应征入伍，在陆军服役，后被派往柏林工业大学深造，攻读机械工程专业，1930年，多恩伯格获得硕士学位，然后回到军械局，接受领导研制火箭武器的任务，当时他是一名陆军上尉。

1930—1932年，多恩伯格担任固体推进剂火箭和液体推进剂火箭研制部门的负责人。1935年他获柏林工业大学工程博士学位。1936—1945年间，多恩伯格任佩内明德火箭研制中心和试验基地的司令官，全面负责军械局的火箭研制、生产和部队训练。从1944年起，他还担任德国国防军三军导弹计划的司令官，兼任德国导弹研制委员会主席，总管军事和技术工作，

负责所有V型火箭武器系列和地空弹的研制和采办任务。由于他在军械局领导研制火箭和导弹武器方面做出了杰出贡献，先后获得骑士勋章以及11枚其他军功勋章，1943年，他被授予德国最高勋章。

多恩伯格领导研制的第一枚V-1型火箭是一个实验型号，并无任何军用价值，它是世界上第一个无人驾驶的巡航式飞行器。鉴于英国大量装备战斗机，使德国袭击英国的轰炸机损失日益惨重，多恩伯格决定加速V-2火箭的研制进度，较快地完成了定型工作，使德国于1942年底下令大量生产。V-2型火箭是第二次世界大战期间德国使用最多的超音速近程弹道导弹。

在1930年德国陆军开始研制近代军用火箭的时候，没有多少可供参考的现成经验。虽然俄国的齐奥尔科夫斯基、美国的戈达德和德国的奥伯特等先辈的研究成果，已经引起世界各国一些科学家对火箭的兴趣，但没有一个火箭研究小组能提供可靠的研究成果和科技资料，更没有现成的发动机和制导系统的产品可供借鉴。那时，多恩伯格已认识到，火箭在航空和火炮领域内有广阔的发展前景，因此，同意陆军和空军分别建立各自的导弹试验站。陆军导弹试验站于1936年建在佩内明德的东部，空军导弹试验站建在西部。在多恩伯格的直接领导下，该研制、试验中心很快就初具规模。佩内明德是大战时期保密工作做得较好的地区，它从1936年起就开始搞研制，直到1945年，英、美的谍报机关仍然不知道佩内明德领导人的姓名。

多恩伯格在佩内明德军事基地一直担任司令官近15年。第二次世界大战结束时，他作为纳粹德国的一名军官被盟军俘获，关进战俘营。1947年，多恩伯格被释放，然后定居美国。不久后便成为美国宇航学会和美国火箭学会的会员。

1947—1950年，多恩伯格以火箭专家的身份，在美国的一个空军基地任导弹设计顾问。20世纪50年代后期，他在美国陆续著文和发表演说，回顾了他在佩内明德领导研制火箭武器的经历。1964年，他成为贝尔飞机公司副总经理兼首席科学家。

多恩伯格于1980年在美国去世。他长期为纳粹德国的战争服务，为其研制了先进的杀伤性武器，此外，他还积极向希特勒推荐他的火箭发展计划，将现代火箭用于战争，所以人们视他为现代武器的早期开拓者。

作为世界第一枚现代火箭V-2的总设计师，虽然多恩伯格的努力曾对人类造成了极大的伤害，但作为卓有成就的科学家，他的名字在科学发展史上仍然占有重要一页，他的研究成果仍然属于全人类。

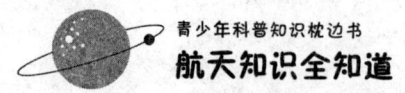

多恩伯格在美国任职期间，长期与导弹工业界打交道，亲自感受到美国导弹研制和宇宙航行组织工作的一些弊病。他建议美国要有效地组织宇宙空间研究，并指出，当年德国的某些指导思想仍适用于今天的美国。他认为必须遵循三条基本原则："第一，必须避免工作上的任何重复；第二，应由一位负责人掌握最后决策权；第三，前一步工作中的问题没有解决，就绝不要搞全面突进。"多恩伯格指出，宇宙航行"在军事上意味着作战领域的扩大；在政治上意味着国家和政府威望的提高；在科学上将大大丰富科学家的知识"。多恩伯格的谋划，对美国导弹武器和宇航事业的发展具有一定的影响。

冯·卡门与现代宇航科技

20世纪初,飞机刚发明不久,莱特兄弟试飞成功的消息就传到欧洲,在欧洲特别是法国掀起一股"飞行热",涌现出一批不屈不挠的航空先驱,法尔芒就是其中的一位。1908年的一天,法尔芒又一次打破飞行纪录。飞行结束后,一个年轻人从人群中挤过去,与法尔芒展开了一段精彩的对话。这名年轻人问法尔芒:"我是研究科学的。有一位伟大的科学家,用他的定律证明了比空气重的东西是绝对飞不起来的,你能解释一下飞机为什么会飞起来吗?"法尔芒幽默地回答:"是那个研究苹果落地的人吗?幸好我没有读过他的书,不然,今天就不会得到这次飞行的奖金了。我以前只是个卡车司机,现在又成了飞行员。至于飞机为什么会飞起来,不关我的事,您作为教授,应该研究它。"法尔芒的话令这个年轻人大吃一惊,他对陪他一起来的一位记者说:"看来权威专家们的话也不一定都对。现在我终于能决定我今后该研究什么了。"他拉住记者的手说:"我要不惜一切努力去研究风以及在风中飞行的全部奥秘,总有一天我会向法尔芒讲

清楚他的飞机为什么能上天。"这个年轻人后来果真走上了从事航空航天空气动力学研究的道路。他就是后来被尊称为"现代宇航科技之父"和"超音速飞行之父"的冯·卡门。

1881年5月11日，冯·卡门出生于匈牙利布达佩斯的一个犹太人家庭。他父亲莫里斯·卡门是一位著名的教育学教授，母亲也出身书香门第。在冯·卡门6岁时的一天晚上，冯·卡门的表哥出了一道题："15×15等于多少？"冯·卡门边玩边答："225。"二哥接着问："924×826等于多少？"冯·卡门头也没抬一下说："763224。"全家人都发出了惊叹声。冯·卡门的父亲却不以为然地说："你们是串通好了在演戏吧！小宝贝，难道你还能心算出来18876×18876等于多少吗？"冯·卡门只思索了一会儿就说出了正确答案："356303376。"大家欢呼着把冯·卡门抱了起来。但父亲却对他的超常的运算能力感到担忧，怕他将来变成一个畸形发展的人。不久，在父亲的干预下，冯·卡门便和各种数学科目断绝来往，直到十几岁才重新开始学习数学。

1898年11月，16岁的冯·卡门进了皇家约瑟夫大学。冯·卡门在大学初期，就能够独立、专注地思考问题，往往沉浸于丰富多彩的科学思索中，把一切杂念都抛在脑后。在解决问题的思路理清之前，绝不肯从座椅上站起来。

1906年，冯·卡门来到哥廷根大学深造。在那里，他跟随"现代空气动力学之父"普朗特尔教授研究材料力学，又和德国物理学家玻恩合作研究过晶体原子结构模型。两年后，他又去了巴黎大学学习。在巴黎，有一次，他陪女友去观看欧洲首次2公里飞行表演，就是在那里，他遇到了法尔芒。从那以后，他开始悉心研究空气动力学。不久后，他的老师普朗特尔邀请冯·卡门到哥廷根大学去做他的助手，从事教学和研究工作。1912年，冯·卡门成为亚琛大学气动力研究所所长。他在那里工作了14年，在空气动力学方面取得许多重要突破，还为一些企业研制飞艇、全金属运输机，担任火箭顾问等。

1926年，冯·卡门移居美国，指导古根海姆空气动力实验室和加州理工大学第一个风洞的设计和建设。在任实验室主任期间,他归纳出钝体阻力理论,即著名的"卡门涡街"理论。这个理论大大改变了当时公认的气动力原则。他还提出了附面层控制的理论,1935年又提出了未来的超声速阻力的原则。1938年,冯·卡门指导美国进行第一次超声速风洞试验,发明了喷气助推起飞,使美国成为第一个在飞机上使用火箭助推器的国家。在他的指导下,加州理工大学一批航空工程师,包括他心爱的中国弟子钱学森开始搞喷气推进和液体燃料火箭,而且后来还成立了喷气推进实验室。该实验室是美国政府第一个从事远程导弹、空间探索的研究单位,有很多重要的研究成果。

第二次世界大战即将结束时,美国陆军航空队司令阿诺德将军请教冯·卡门教授,要他评价美国航空技术发展的现状,预测未来的发展,并就如何确保美国空军未来的领先地位提出建议。德国投降后,以冯·卡门少将为首的美国空军顾问团,率领有关火箭方面的科学家,专程赴德国"参观考察访问"。他们考察了隐蔽在一片松林中的一个德国空军的秘密研究所,它由纳粹空军头子戈林直接领导,拥有50多座建筑,拥有研究导弹、飞机引擎的成套仪器设备。大战期间,有成千的科学家和技术人员在这里从事工作。这里写出的秘密研究报告就有300万份之多,重达1500吨。他们详细地察看了德国的研究设备,分析了技术成果。又前往哥廷根、亚琛和慕尼黑等地调查。在哥廷根,审讯了包括冯·卡门过去的老师普朗特尔在内的有关人员。正巧,前佩内明德火箭基地的400名德国火箭方面的工程师和技术人员也逃到这里。"顾问团"对这些人又进行了审讯。通过审讯,顾问团获得了一项惊人的秘密:德国已经着手研制一种可达到美国纽约的3000英里射程的火箭。德国人的火箭、导弹计划远远走在美国的前面。

通过这次调查,冯·卡门摸清了德国火箭技术的水平,返回美国后,先写出一份《我们在何处》的考察报告,对比了美、德两国在战争期间的科技发展,并指出美国已有可能研制射程达9600公里的导弹。接着,冯·卡门又拿出了名为《通向新地平线》的第二份报告。该报告包括25位

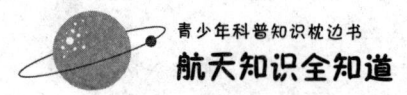

作者的32份分报告，主题涉及从空气动力、飞机设计到炸药、末端弹道等。《通向新地平线》报告的主要观点是"科学是掌握制空权的基础"。报告强调，要成为航空大国，没有一劳永逸的解决办法，只有不断地加强研究和发展，才能确保国家安全。

冯·卡门是20世纪最伟大的科学家之一。他在一生艰苦研究的基础上，对航空航天技术的发展有过很多重要的预见，后来都一一成为现实，例如超声速飞行、远程导弹、全天候飞行、卫星等。

知识链接 >>>

1963年2月18日上午，为了表彰冯·卡门对科学、技术和教育事业的杰出贡献，肯尼迪总统授予他美国第一枚科学勋章。按计划，肯尼迪总统要亲自给冯·卡门颁发勋章。当总统及其随从一到，来自世界各地的友人就向授勋地点涌去。当时的冯·卡门已有82岁，并患有严重的关节炎，当他气喘吁吁地登上领奖台的最后一级台阶时，踉跄了一下，差一点摔倒在地上。给他颁奖的肯尼迪总统忙跑过去扶住了他。冯·卡门对肯尼迪总统说："谢谢总统先生，物体下跌时并不需要助推力，只有上升时才需要……"授勋之后仅仅过了两个多月，冯·卡门就在亚琛病逝了。

航天巨擘科罗廖夫

1957年10月4日,世界上第一颗人造地球卫星发射成功。1959年1月2日,世界上第一个月球探测器进入轨道。1961年4月12日,世界上第一艘载人宇宙飞船成功发射……这些都是人类空间技术发展史上划时代的大事件。苏联的火箭和卫星事业因此为世人所熟知,但作为这些航天工程的主要负责人——苏联火箭专家、航天系统总设计师科罗廖夫在当时却鲜为人知。

科罗廖夫于1907年1月出生在距乌克兰首府基辅200公里的古城日托米尔,在科罗廖夫刚刚学会走路的时候,他的父母离婚了。幼小的科罗廖夫随母亲去了外祖父母家居住。儿童是富于幻想的,科罗廖夫更是这样。他四五岁时,常常骑在外祖父的肩上,去看飞行员的飞行技艺表演。科罗廖夫可以长时间、目不转睛地盯着飞行在天穹的飞机。有一次,科罗廖夫向母亲要两条床单,想用床单做成翅膀学飞行。他还认真地对母亲说:"我哪怕是从这个屋顶飞到那个屋顶也好。"当母亲告诉他这样的翅膀不能飞行时,他疑惑不解地问:"那么鸟是怎么飞起来的呢?"

1922年,科罗廖夫16岁时,有一天,他和母亲漫步在大街上。突然,他向母亲要50戈比,母亲问他做什么用,他认真地说:"我想加入飞行协会,要交纳入会会费。"就这样,科罗廖夫迈出了航空飞行的第一步。1923年初,航空之友协会诞生了,科罗廖夫成了协会会员,在滑翔运动小组参加活动,还经常在工厂里给工人们讲滑翔运动课。

科罗廖夫18岁时去了基辅工学院机械系学习。两年后,他又去了莫斯科鲍曼高等技术学校空气动力系继续他的大学学习。1929年,科罗廖夫在莫斯科鲍曼高等技术学校毕业,获得了飞机设计师文凭。就在这一年,科罗廖夫和他的伙伴们在卡卢加市拜访了齐奥尔科夫斯基,这位现代宇宙航行学奠基人热情地接见了这伙年轻人。科罗廖夫异常兴奋和激动,满怀信心地宣布:"从现在起,我的目标是飞向星球!"齐奥尔科夫斯基满意地笑了,认真地说:"这是一项艰难的事业。年轻人,相信我这个上年纪人的话吧,这项事业需要有知识,要坚韧不拔,也许要付出毕生的精力和时间。"科罗廖夫坚定地回答:"我不怕困难!"齐奥尔科夫斯基非常高兴,他送给科罗廖夫许多有关这方面的书籍。这一次会见在科罗廖夫的心里留下了终生难忘的记忆,成为鼓舞他征服宇宙的动力。此后不久,科罗廖夫参与组建火箭喷气推进小组并于1932年成为这个小组的负责人。1933年这个小组与另一个实验室合并,成立喷气科学研究所,科罗廖夫为负责科研的副所长。在科罗廖夫主持下研制的飞航式和无翼火箭、火箭科学研究所制造的一系列火箭发动机,成为可控弹道导弹以及后来的洲际导弹、"宇宙飞船"的开端。

第二次世界大战结束以后,美苏两大国的军备竞赛愈演愈烈。美国拥有核武器,所以苏联必须尽快研制出原子弹,打破美国的核垄断局面。1946年年底,科罗廖夫所在的设计局开始设计自控远程火箭。科罗廖夫是这项新兴事业的心脏和灵魂,他把全部精力都倾注在这项事业上。1947年10月18日,十月革命30周年前夕,在苏联某地的靶场发射了第一枚弹道火箭样机。此后,在科罗廖夫主持下,又进行了11次新式战略试验火箭的

航天人物

发射。这为苏联火箭制造的富于成果的阶段奠定了坚实可靠的基础。

  1954年，科罗廖夫提出利用运载火箭发射人造地球卫星的想法。在苏共和政府的支持下，科罗廖夫和设计局开始集体研究第一代宇航装置，并且预定在国际地球物理年即1957年7月至1958年12月发射。苏联政府决定建立航天火箭发射场。地点选在哈萨克斯坦，离小居民点拜科努尔不远的沙漠地区。1955年1月，第一批建设者开进拜科努尔。不论是低达-50℃的严寒，还是呼啸的狂风和灼人的酷热，也不论是缺少道路和生活设施简陋，都没有难倒工程的建设者。一年半以后，工程竣工了。

  1957年10月4日夜。航天火箭发射场上探照灯灯光明亮，宇宙火箭直指夜空，雄伟壮观。天幕上群星闪烁，神秘深邃。一声点火令下，航天火箭托举着人造卫星划破夜空，直冲苍穹。刹那间，从天空中向地面传回航天器的声音："哔噗——哔噗！"航天火箭发射场上人群立刻沸腾起来，高呼"乌拉！乌拉！"全世界的人们惊奇地获悉：第一颗人造地球卫星已进入地球轨道。

  科罗廖夫并没有陶醉在发射第一颗人造地球卫星的欢乐之中，此后，他发起了对月球的冲击。1959年1月2日，苏联发射了世界上第一个月球探测器"月球"1号。

  在奠定了人造地球卫星、月球火箭、飞往金星和火星飞行器的技术基础之后，科罗廖夫将下一步工作移交给其他科学家，而他自己则潜心设计可控"宇宙飞船"和宇宙站，以便实现他在青年时就萌生的幻想——人在宇宙中飞行。不久后，由科罗廖夫担任总设计师的"东方"号运载火箭诞生了。为了慎重起见，科罗廖夫并没有急于做人在宇宙中飞行的试验，而是又做了一次带小生物的试验。不料，意外的情况发生了。1960年12月发射的第三艘"宇宙飞船"未能返回地球。这艘飞船沿着极陡的轨迹下坠，在进入稠密大气层时烧毁了。第三艘"宇宙飞船"飞行的轨道正是为人进行宇宙飞行而设计的。

  许多人害怕迈出这一步。他们提出种种理由来阻止"冒险"，但科罗廖夫坚定不移地认为，人应该有义务进入宇宙。1961年3月9日，第四艘飞

船开始试验。飞船上搭载的试验动物有一只名叫"切尔努什卡"的狗和一些老鼠、青蛙、豚鼠等生物学研究对象。在绕地球飞行一周之后,这只历次发射的飞船中最重的飞船在预定地点安全着陆。16天后,第五艘飞船进入地球轨道。舱内有一只叫"小星星"的小狗。这艘飞船飞行了1小时45分。飞船技术设备、性能等再次被证实是良好的。根据地面指令,第五艘飞船在预定地区着陆。

1961年4月12日,在苏联本土,世界上第一艘载人"东方"1号宇宙飞船载着尤里·加加林进入太空。世界各国的科学家纷纷发来贺信,一致认为:星际飞行时代已经成为现实。至此,科罗廖夫青年时的幻想变成了现实。

在此后的3年中,科罗廖夫又领导创造了一系列令世人眼花缭乱的航天成果。到1965年年底,他已领导发射成功9个月球探测器、4个金星探测器和2个火星探测器。但由于苦役折磨和长期呕心沥血地工作,年方59岁的科罗廖夫于1966年1月14日病逝,没能看到他倾注最后生命的"礼炮"号空间站上天。虽然科罗廖夫过早地辞世了,但他的成就、精神、理论却永久地留在了世间。

知识链接 >>>

作为应用宇宙航行学奠基人,科罗廖夫为苏联赢得了一系列世界第一。为了纪念这位航天事业的大功臣,1972年,苏联公映了一部名为《驯火记》的传记性影片。影片的主人公就是科罗廖夫的化身。

航天人物

加加林首航太空

1961年4月12日,身着90公斤重的太空服,苏联首位宇航员加加林乘坐重达4.75吨的"东方"1号宇宙飞船进入太空,成为世界上第一个进入宇宙空间并从宇宙中看到地球全貌的人。

加加林于1934年3月9日出生在苏联莫斯科附近的一个村庄里。他的父亲是个木匠,母亲是一位善良的村妇。加加林小的时候,正值第二次世界大战期间,德军曾一度占领了他的家乡。村子里稍大一点的孩子都被德军抓往德国做苦工去了,由于加加林太小,才幸免于难。

苏联打败德国法西斯后,加加林有条件上学了。他聪明好学,刻苦钻研,成绩优秀,很快被送到一所专门学校学习。在那所学校里,他将被培养成一个科技工作者。但是,年轻的加加林却希望自己将来成为一个飞行员。于是,他报名参加了航空俱乐部,经过文化知识和体能测试,他被录取了。

1959年,根据科罗廖夫的建议,苏联决定在空军飞行员中征召第一批宇航员。这个消息使加加林激动不已,他立即向空军指挥部递交了申请报

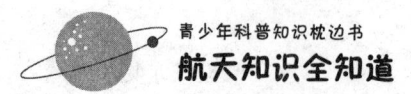

告,并接受了严格的选拔。在一连几天的检查中,他每天都必须回答科学家、医生和军官们提出的各种各样的问题,只有最优秀的年轻人才有可能被选上,而考官们对加加林十分满意。他终于成为第一批6名宇航员中的一个。

加加林被带到一个绝音室里。这是一间具有良好隔音系统的小房子,里边只有一张办公桌,桌子上放着一个仪表盘,旁边放着一张沙发床,一个装食品的冰箱,帘布后面是厕所。在这个小小的天地里,加加林要独自生活一段时间。乍看起来,这种考验并不太难。但是,加加林所要承受的不是几小时或一两天的寂寞,而是10天,或更长的时间。加加林一次又一次经受着孤独的考验,从来没有烦躁过。为了克服宇航员进入太空时对失重和高温的不适应,加加林还被带入滚筒内和"蒸箱"中进行训练。滚筒内有一张固定的座椅,宇航员就坐在上面。训练的时候,滚筒根据教官的命令迅速地旋转起来,滚筒旋转得越快,加加林就越感到自己在飞速旋转,开始的一段时间,他感到头晕目眩,全身肌肉紧缩。每次从滚筒里出来,他都大汗淋漓,脸色苍白。后来,经过反复艰苦的训练,他终于可以轻松自如地在滚筒中保持平衡了。进行"蒸箱"测试时,起初,那"蒸箱"里像春天般的温暖,加加林还没来得及高兴,温度就开始急剧上升。40℃、50℃……他剧烈地喘息着,胸口仿佛压了块巨大的石头,汗水大滴大滴地从头发上、眼皮上滚落下来,全身的衣服都湿透了,耳朵被烤得疼痛难忍,鼻腔和口腔里的黏液都已全部蒸发了,但他一分钟一分钟地挺着,绝不发出要求停止测试的信号。最后,他总算打破了在高温下忍耐100多分钟的纪录,才艰难而骄傲地走出了人工控温室。

加加林在训练过程中所表现出来的坚韧不拔的意志,对自己的高标准、严要求,一丝不苟的精神,深受人们的敬佩。同时,他的反应机敏,记忆力和鉴别力都非常出色。几经筛选,他终于从第一批宇航员中脱颖而出,担当起世界上第一艘载人宇宙飞船"东方"1号宇航员的重任。

1961年4月12日清晨,汽车载着加加林沿着"英雄大道"直奔拜科努尔航天发射场。此时此刻,加加林的体温不能升高半度,脉搏不能多跳

5次，否则就要由另一位同样受过充分训练的人代替他，加加林真不愧是一位冷静沉着、坚毅勇敢的宇航员。两小时之后，加加林被固定在"东方"1号宇宙飞船的座舱里。这是一个直径2米多的球形座舱，座舱只能乘坐一名宇航员，它有3个观测窗口，配有各种仪器仪表和一台电视摄像机。宇航员的座椅是弹射式的，可以在发生意外险情时弹射脱险，也可以在降落时弹射出飞船。莫斯科时间9时7分，6台发动机发出轰鸣，"东方"1号离开发射台徐徐升起，宇宙航行开始了。加加林在飞船中，起初感觉巨大的飞船很慢很慢地离开了发射装置，但很快就觉得超重在增强。他感到有一种不可抗拒的力量沉重地压迫着整个身体，就连手脚稍微动弹一下都十分困难。9分钟以后，飞船顺利地进入地球轨道，加加林顿时产生了一种不可思议的奇妙感觉，他知道这时已经进入失重状态。这对地球上的人们来说是从未有过的体验。他是第一个品尝失重之"蟹"的人。忽然间，一切都变轻了。双手双脚，以至整个身体，所有没有固定的物体都飘起来了。从水管子里流出的水滴，变成了小圆珠。它们自由地在空中移动着。碰到舱壁时，就黏附在上面了，像是花瓣上的露珠一样。加加林小心翼翼地解开安全带，轻而易举地离开座椅，开始向舷窗飘浮。当他从窗口看到下面的整个地球时，情不自禁地叫了起来："真是太美了！"是的，地球看起来像个大圆球，色调浓艳，五彩缤纷，一个蔚蓝色的光环套着地球。这条环带一点点加深，逐渐变成海蓝色、深蓝色、紫色，最后转变成浓墨般的黑色，非常赏心悦目。正当加加林陶醉在欣赏地球美妙的景色之中时，突然，一下子全黑了下来，飞船进入了地球的阴影带。从舷窗向外看去是黑暗的深渊，满天的星斗。宇宙中的星辰亮极了，它们不闪动，发出平稳的冷光。10时15分，"东方"1号宇宙飞船环绕地球一周飞近非洲大陆上空。10时25分，飞船开始减速进入稠密的大气层。加加林透过舷窗，看见了包围着飞船的熊熊大火和惊心动魄的紫红色反光。但是，尽管他置身在一个迅速下降的大火球里，座舱内的温度却仍然只有20℃。在大约7公里高空，加加林从座舱里弹射出来，用降落伞降落在苏联的一个村庄附近，很快被接回莫斯科去了。人类历史上第一次载人航天飞行就这样顺利结束了。

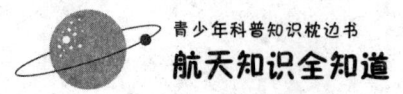

1968年3月27日,加加林和飞行教练员在一次例行训练飞行中,因一架双座喷气式飞机坠毁而罹难。年仅34岁的"人类进入太空第一人"加加林就这样离开了人世。

知识链接 >>>

加加林的太空之行开启了人类探索宇宙空间的新纪元,在他之后,苏联和俄罗斯相继有100多名宇航员先后飞入太空。为纪念加加林首次进入太空的壮举,俄罗斯把每年的4月12日定为宇航节,在这一天举行隆重的纪念活动,缅怀这位英雄人物。

航天人物

"卫星之父"吉洪拉沃夫

人造地球卫星——"斯普特尼克"1号的出世,造就了一个新时代。除了发射这颗卫星的运载火箭的总设计师科罗廖夫之外,这颗卫星的总设计师吉洪拉沃夫同样功不可没。

吉洪拉沃夫于1900年7月生于弗拉基米尔城,少年时代就开始涉猎齐奥尔科夫斯基的著作,对宇航发生了浓厚的兴趣。吉洪拉沃夫19岁时志愿参加苏联红军,25岁时毕业于茹科夫斯基空军工程学院,工作后曾研制出一批创纪录的滑翔机。1927年,吉洪拉沃夫结识了科罗廖夫,后来他们一道加入了火箭研究小组并倡议建立了喷气推进研究小组。他们在莫斯科的一间地下室里开始着手研制火箭发动机。

1931年,莫斯科成立了"反作用研究小组"。一年多后,研究小组创建了实验火箭工厂,这个厂的厂长就是科罗廖夫。当时,实验厂下设四个组,其中第二小组由吉洪拉沃夫领导,他负责研制火箭发动机。就是在这里,吉洪拉沃夫研制出了苏联第一枚液体火箭09号。这是一种采用胶状汽

油和液氧作推进剂的火箭，被称为半液体火箭。1933年8月17日，09号半液体火箭发射成功，飞行高度0.4公里。几天后，另一枚改进的09号半液体火箭上升了1.5公里。

第一枚试验液体火箭发射成功以后，吉洪拉沃夫萌生了研发人造卫星的思想。他认真研究了齐奥尔科夫斯基的《宇宙火箭列车》《火箭最高速度》等著作，论证了就当代火箭发展水平而言，能够获得第一宇宙速度发射卫星所必备的条件。1934年2月17日，吉洪拉沃夫去卡卢加城会见齐奥尔科夫斯基，受到了这位宇航先驱的教诲。老人家在询问了吉洪拉沃夫的有关情况后，为他的研究计划拟定了一批重要的研究项目。吉洪拉沃夫由此确定了自己的目标：研制人造地球卫星。同年，他在一次会议上提出：用火箭把人造地球卫星发射到同温层和宇宙空间去。可不久后，第二次世界大战爆发了，苏联全力投入伟大的卫国战争，于是这个设想只有到了卫国战争结束以后才提上了计划日程。吉洪拉沃夫组织了一个专家小组，进行了大量的计算和研究，证明当时单级火箭最多只能达到每秒7公里的速度，而且仅考虑到使用最好的推进剂，还未计入空气阻力等因素的影响。因此认为，只有靠多级火箭的接力来加大推力，才有可能达到每秒7.9公里的第一宇宙速度。

吉洪拉沃夫研制人造卫星的设想，曾遭到一些人的冷嘲热讽，有人认为这是不现实的，把吉洪拉沃夫讥笑为"怪人"。但吉洪拉沃夫不以为然，不但不改初衷，还倡议成立一个特别小组，探讨制造人造卫星的理论问题。1948年6月，他申请在一个学术年会上报告自己的研究成果，然而有些科学家把他的报告说成是"幻想文学"，在"浪费时间"。但科罗廖夫支持他，并建议把他的研究成果列入研究所的研究计划。后来，吉洪拉沃夫在另一个年会上作了题为"在现代技术条件下借助多级火箭达到第一宇宙速度和制造人造地球卫星的可能性"的报告，引起了人们的注意。当时科罗廖夫正在研究的单级火箭速度可达到3公里/秒。在此基础上，吉洪拉沃夫在报告中完成了对二级火箭的分析工作，提出完全可以把较重的卫星送上地球轨道。鉴于他的科学论证更加充分，科罗廖夫保留了吉洪拉沃夫的"卫

星"小组,并在1953年把这个小组吸收进了设计局。

1954年,吉洪拉沃夫提出了论证人造地球卫星可行性和必要性的建议。他在建议中指出:"目前所进行的新产品研制情况,允许我们考虑在近几年内制造人造地球卫星的可能性,适时合理地组建科研机构,以便对卫星的研究工作进行初步的探索。"科罗廖夫和科学院院长凯尔迪什都表示赞同。1956年1月30日,他们一致决定开展研制人造卫星的实际工作。

1957年6月,苏联设计制造出了第一颗人造卫星——"斯普特尼克"1号。8月31日,科罗廖夫和吉洪拉沃夫一致决定进行卫星和运载火箭的联合试验。火箭和卫星于9月初相继被运到发射场。10月4日,人类第一颗人造卫星成功发射升空。此后,吉洪拉沃夫又为苏联载人宇宙飞船和星际探测器的研制做出了许多贡献。1974年3月4日,吉洪拉沃夫在莫斯科逝世,终年74岁。

知识链接 >>>

吉洪拉沃夫设计的"斯普特尼克"1号卫星总共在太空飞行了92天,第二年1月4日"寿终正寝",坠入大气层烧毁。尽管它其貌不扬,尽管它"真正所能做的只是发出蜂鸣声",但它却先声夺人地宣告:人类从此进入了太空时代。

火箭控制专家比留金

航天运载工具一般包括火箭结构、动力装置、控制系统三大部分。火箭飞行,离不开动力装置,因此作为火箭动力装置的火箭发动机的发展,对于运载火箭的成败有举足轻重的作用。如果把发动机比喻为运载火箭的心脏,那么控制系统就犹如运载火箭的大脑。控制系统保证运载火箭的稳定飞行和准确进入预定轨道。因此控制系统的发展,对运载火箭的性能起着至关重要的作用,决定着宇宙航行的命运。在火箭的控制装置方面,苏联著名的火箭专家比留金做出了突出的贡献。

比留金生于1908年。早年丧母,生活艰难。1926年随父自列宁格勒(今圣彼得堡)迁居莫斯科,中学毕业后进入中央航空气动力研究所当钳工,又被选派到颇负盛名的莫斯科鲍曼高等工业学校仪表系深造,毕业后回到航空气动力研究所任工程师。1944年他领导了一个飞行自动化小组,开始从事火箭控制系统的研究工作。第二次世界大战结束不久,他作为专家小组的一员赴德国考察火箭技术发展情况,参与接收工作。比留金带着工具到处收集废墟中遗存的火箭仪器设备,特别注意寻觅作为火箭"感觉器官"的控制系统,以便探索新的研制途径。

1947年起,比留金承担研制苏联第一枚远程火箭自动控制系统的任务,一年后,取得很大进展。接着参与研制 P-2 火箭的控制系统并获得成功。这种控制系统虽然复杂一些,但仍和自动驾驶仪类似,技术上没有特殊要求,后来在研制 P-5 火箭过程中,新的控制系统失去稳定,谁也搞不清可靠性差的原因在哪里。虽然当时既没有任何模拟试验设备,也无电子计算机,一切都要靠自己的聪明才智,另辟蹊径,寻找症结,但比留金却知难而进,亲自试验,动手计算。他终于发现这是一种火箭静态非稳定现象。这就是说,切不可把火箭看作是刚体,火箭具有弹性,又装有液体燃料,控制系统中的陀螺仪表必然引入附加误差。为了解决这个问题,必须研制一个控制火箭发动机参数的系统,即所谓视速度调节系统。这个系统能够控制火箭飞行保持在稳定状态。比留金攻克了这个难关,使火箭控制系统前进了一大步。

1957年8月21日,苏联发射世界上第一枚 P-7 洲际火箭。这种火箭更加复杂,有大量调节参数。比留金成功地解决了它的控制问题。这一新型洲际火箭成为苏联研制从"卫星"号到"联盟"号运载火箭的基础,从而得以可靠地把一颗颗卫星、一艘艘飞船送入太空轨道飞行。

比留金不幸于1982年病逝。作为同科罗廖夫一起担任苏联航天总设计师委员会的6名成员之一,比留金默默无闻地为火箭控制系统的发展做出了巨大贡献,载入了苏联航天史册。

知识链接 >>>

比留金在火箭控制系统领域不断探索和创新,矢志不渝地改进和完善火箭控制系统。电子计算机刚刚问世不久,他就大胆地把它引入到航天器上来。除了在运载火箭上采用外,还曾把它装在"月球"9号自行星际站上,首次实现了探测器在月面软着陆。在他的领导下,苏联研制成功了各种宇宙飞船和自行星际站的控制系统。

列昂诺夫的太空"第一步"

随着航天事业的迅猛发展,如今,宇航员在太空行走已不算什么新鲜事了,尤其是美国和俄罗斯宇航员,为了建造和修理空间站,他们经常到太空去漫步,甚至一待就是几个小时。然而,人类进行第一次太空行走就不是那么简单了。因为当时对舱外活动所要遇到的各种情况还知之甚少,因而太空行走就被认为是一种风险极大的事情,搞不好宇航员可能有去无回,成为"人体"卫星。最早成功进行太空行走的是苏联宇航员列昂诺夫。

1965年3月18日上午10时,苏联"上升"2号飞船从拜科努尔发射场升空。这次被选为执行任务的宇航员有两名,一位是驾驶员列昂诺夫,另一位是指令长别利亚耶夫。结果飞船刚一起飞,就遇到了麻烦,本来应该进入距地球300公里的预定轨道,但运载火箭却过分卖力,实际高度达到了500公里。按照原定计划,飞船围绕轨道飞行第一圈时,列昂诺夫就开始进行出舱准备。他身上系了一根与飞船相连的缆索,长5.35米,内有一根电话线,目的是防止宇航员飘离飞船并与飞船保持联络。但直到第二圈，列昂诺夫才打开了向内开的舱门。11时34分51秒，地球上的人们从电视上看到了这样的景象：当"上升"2号飞越里海上空时，气闸舱的圆形舱盖开始移动并逐渐开启，接着，身穿航天服的列昂诺夫先从舱口伸出了他戴着头盔的脑袋和肩膀，然后是整个身体。地面指挥中心听到列昂诺夫从太空中传来的声音："我正在脱离。"接着又传来两遍同样的声音："人——外——出——到——宇宙——空间啦！"人们从电视的荧光屏上看到，列昂诺夫的动作过程像是潜水员从潜水艇中进入海底，只不过潜水员通过的是水闸，宇宙中的危险性不知要比水中的危险性大多少倍。由于飞船和宇航员都处于失重状态，空间漫步不是在走，而是在飘。动作稍有疏忽，宇航员就会飘离飞船而永远回不来了。为了保证安全，一根长5米的缆索把宇航员紧紧拴住。缆索中的电话线保证了舱内外两名宇航员的通话，电缆线还把舱外宇航员在宇宙空间的一切生理感觉、生物功能测量数据传回座舱并发回地球。

　　列昂诺夫本应该做更多的操作，但此时却出现了意外，他心率失常，紧张出汗，已经不允许他再继续下去了。持续了仅10分钟的太空行走，不得不匆匆结束。可就在这个时候出现了麻烦。一开始，列昂诺夫每次把相机放进气闸舱时，它都会被气闸室中的微小气压冲出来，飘出舱外。折腾了半天，他硬把相机推进通道，先把一只脚伸进气闸室，然后将相机的背带放在脚下踩住，这才将它放入，可身子却被卡在了舱门口，怎么也回不来。这是真正的危险。由于太空是真空的，列昂诺夫身上的航天服鼓胀起来，如同气球一般。气闸舱门口的断面直径只有120厘米，而膨胀的航天服直径竟然达到了190厘米。列昂诺夫接着又拼命钻了几次，仍然无济于事。他情不自禁地失声喊道："我回不去了！不行，我来不及了。我回不去了……"地面指挥中心的人们听着无线电波传递下来的叫喊，万分焦急。此时，留在座舱里的别利亚耶夫眼看列昂诺夫处境危险，却只能是干着急，帮不上忙。几番挣扎之后，列昂诺夫已经筋疲力尽。他气喘吁吁，呼吸的频率增加了一倍，体温上升超过了38℃，心率达到每分钟190次。由于大汗淋漓，头盔的面罩蒙上了一层水汽，眼前一片模糊。一次次徒劳无益的

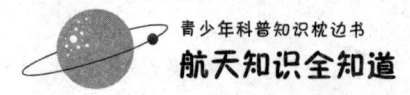

尝试，使得他几乎完全丧失了生还的信心。也正是在这危急时刻，宇航员平时艰苦枯燥的反复训练奇迹般地发生了作用。列昂诺夫事后回忆说：我当时快要昏迷过去了，但突然有那么一瞬间，我一下子记起了以前失重训练时的那些情景。冥冥之中，就好像教练员在耳旁提醒我说：嗨，小伙子，航天服的腰部设有四个按钮，每一个按钮都可以释放掉服内四分之一的空气。当航天服压力过大时，这是唯一的减压办法。列昂诺夫开始给航天服泄压，航天服终于瘪了下来。列昂诺夫在太空行走了12分零9秒，但为了挤进舱门他又拼力花了12分钟。为此，他的体重减少了数公斤，靴子里积聚了6升汗水。

飞船飞行到第十九圈时，指令长别利亚耶夫用手操纵校正了飞船的方位，启动了制动装置。但就在别利亚耶夫和列昂诺夫驾驶飞船向地球返航时，座舱内的氧气压力发生了异常，温度急剧升高。他们所有的操作都没有产生作用。两人再度陷入绝望。也不知道什么时候，两个人被一种类似爆炸的声音惊醒了。他们的第一反应都以为飞船正在发生爆炸，但是飞船里并没有任何爆炸燃烧的迹象。再一细加观察，舱内的氧气压力在慢慢下降，竟逐渐恢复了正常。两个人稍稍松了口气，开始踏上归途。但是，新的危险又扑面而来——飞船自动导航定位系统也发生了故障。他们决定冒险采用手动方式着陆。最终手动操作也出现了失误，飞船呼啸而下，偏离预定落点3200公里，最后落到了大雪覆盖的原始森林深处。舱外此时正下着暴风雪，狼群在四周不时号叫。两位宇航员十分艰难地爬出舱门，按照以往野外生存训练中的程序，架好天线，发出呼救信号。因为他们偏离得太远了，指挥中心和他们失去了联系。3月的天气很冷，本可以御寒的降落伞在落地时挂在了树梢上，本应提供一个遮风避雪之处的飞船，人却不能进去，因为舱内的制冷空调一直在工作，他们费了半天劲也无法关上。列昂诺夫最惨，由于多达6升的汗水全留在航天服内，着陆后，他只好冒着严寒，脱下航天服，光着身子把衣服拧干。第二天，正满世界搜寻的回收人员终于从空中发现了他们。由于是在原始森林之中，搜救直升机无法降落，只好先给他们空投了一些食品以及白兰地和防寒服。漫天呼啸的暴

航天人物

风几乎把这些东西全给吹散了，所幸他们还捡到了几根香肠。第三天，别利亚耶夫和列昂诺夫才走出森林，赶到了9公里外的临时停机坪。完成了这次历时26小时2分钟的惊险征程后，列昂诺夫被授予苏联英雄称号。

知识链接 >>>

科技上的第一步，有着巨大的技术风险，但每一次探索式的迈步，又都可能意味着是最精彩的第一步。列昂诺夫就是这样开创了航天史上的新一页的。截至2008年7月底，全世界已经进行了319次太空行走。

科马罗夫太空遇难

苏联航天科学巨子科罗廖夫逝世一年之后，1967年4月23日，他生前主持研制的"联盟"1号新型宇宙飞船，将宇航员科马罗夫载上太空。但在返回地面时，科马罗夫不幸罹难，是苏联航天史上第一位死于航天事故的宇航员。

"联盟"1号飞船的飞行，原是苏联载人登月计划试验的一部分。在"联盟"1号载人上天前，1966年底苏联曾发射过3艘无人驾驶的"联盟"号试验性飞船。第一艘飞船进入运行轨道后，由于发动机工作不稳定，飞船无法改变方向，也不能脱离运行轨道，后经地面抢救，总算减慢了飞行速度，在返回地面的途中偏离预定轨道，只好用船载专用系统炸毁。第二艘无人飞船在发射时，先是由于运载火箭的自动系统在点火前数秒突然发生故障，停止工作，后虽然点火起飞，但热调节系统突然着火，第三级火箭爆炸而使试验失败。第三艘无人飞船发射和飞行正常，只是在降落过程中进入大气层时前部的隔热板烧穿一个小窟窿，顺利地返回了地面。可见，飞船发射试验并不是一帆风顺的。

1976年4月，苏联有关部门决定，连续发射"联盟"1号和"联盟"2号，让两艘载人飞船在轨道上会合、对接。先发射以"联盟"1号模拟载人登月飞行中绕月球飞行的指令舱，另外再接着发射"联盟"2号飞船作为登月舱，在模拟登月成功之后，验证登月舱中的宇航员通过太空行走，进入指令舱而重返地球。"联盟"1号载人飞船的宇航员是科马罗夫，"联盟"2号飞船的宇航员分别是贝科夫、叶利谢耶夫、赫鲁诺夫。

科马罗夫于1927年3月生于莫斯科。18岁入伍，后来进入军事飞行员学校学习。1960年，33岁的科马罗夫被选入宇航员队伍。短短4年之后，他就乘"上升"号飞船第一次飞上了太空，考察了宇航员在太空的工作能力和相互配合情况，进行了医学生物学实验，研究了太空因素对人体的影响。参加"联盟"1号的飞行使他成为苏联第一个两次进入外太空的宇航员。

1976年4月23日莫斯科时间凌晨3时35分，在一片欢呼声中，科马罗夫乘坐"联盟"1号飞船，从拜科努尔发射场准时发射升空。飞行到第二圈时，科马罗夫报告说："飞船左边的太阳能电池帆板没有打开，电源供电不足，无线电短波发射机没有工作。姿态稳定系统也受影响，飞船处于不规则运行之中。"科马罗夫是苏联最优秀的宇航员之一，飞行经验丰富。他将飞船的左边朝向太阳，试图打开帆板，但未能成功。到了第五圈时，飞船故障进一步加剧。科马罗夫尽力排除故障，试图启动飞船发动机以稳定飞行，但也没有成功。已经筋疲力尽的科马罗夫在第十圈时，请求睡一觉。经允许后，中断了与地面的通信联络。这时，地面飞控中心的科学家、工程师们也彻夜不眠，忙个不停。他们一方面密切监视"联盟"1号的情况，指挥科马罗夫排除故障，采取紧急措施；另一方面要决定"联盟"2号是否还按计划发射。当时部分人员主张立即下令推迟"联盟"2号飞船的发射，全力抢救"联盟"1号。部分人员则主张飞完第十三圈后再决定。

"联盟"1号飞到第十三圈时，恢复了同地面飞控中心的通信联络。科马罗夫报告说，飞船故障仍未排除，姿态仍不稳定。飞控中心决定，"联盟"

2号中止发射,"联盟"1号立即应急返回。

飞控中心技术人员研究了3种可能返回的姿态控制及导航方法,即星座定位、离子定位、手动控制。第二种在日出时不安全,因日出时会出现离子空洞,传感器可能失效。第三种要求宇航员从地平线获得手控方位,但若飞船处在地球阴影时,不易看到地平线,操作也相当困难,而这时返回恰恰是在凌晨。经过慎重研究,飞控中心向科马罗夫发出命令:在第十七圈时,用第二种方式返回。但第十七圈时,调姿失败,未能返回。第十九圈时,科马罗夫手动控制返回,这要求宇航员从地平线获得方位,但在飞船进入地球阴影时,不易看清地平线,操作起来相当困难。科马罗夫利用飞船上的陀螺,控制飞船的平衡,当飞船飞出地球阴影时,地平线出现,他便手动操作修正了飞船的位置。第二天清晨,飞船开始降落,科马罗夫向地面报告,返回发动机已经点火,飞船正脱离飞行轨道,按预定程序踏上返回之路。在地面指挥中心派伊尔-18飞机飞往预定着陆地点的途中,接到报告说,飞船回收舱的降落伞已经打开,科马罗夫已在哈萨克的奥尔斯克以东65公里处着陆,人们都认为科马罗夫会手动操纵飞船安全返回。但当伊尔-18飞机飞抵飞船着陆地点后,却传回了一个不幸的消息:"联盟"1号飞船已在当地时间早上6时24分着陆,飞船在燃烧,现场没有发现宇航员。在事故现场,聚集了许多当地居民,他们目睹宇宙飞船猛烈地冲向地面,降落伞没有打开,着地时听到几声剧烈的爆炸声,看到飞船在火中燃烧。后来在飞船残骸堆中,找到了科马罗夫的遗体。最后清理现场的结论是:宇航员科马罗夫殉难,"联盟"1号飞船烧毁。

科马罗夫为航天事业英勇献身,苏联为他举行了隆重的国葬,骨灰放在克里姆林宫城墙下。1971年8月2日,"阿波罗"15号飞船登月时,美国宇航员带去了一块刻有已故苏美宇航员姓名的铭牌,安放于月球上,其中也包括了科马罗夫的名字。

后来经过证实,造成科马罗夫遇难的事故原因是:飞船回收舱的主降落伞没有打开,备用伞也出了故障,以致飞船以每小时150公里的速度撞

向地面。鉴于这次事故的教训，苏联不得不对飞船重新进行审查，并取消了登月飞行计划，经过1年多的改进才于1968年10月再次发射不载人的"联盟"2号。

知识链接 >>>

事故调查很快发现，"联盟"1号飞船的降落伞出伞受阻是伞舱内外的压差所致。试图弹出的伞体引起的摩擦阻力使伞挤在了伞舱内无法拉出。为了防止再次发生类似事故，设计部门将伞舱从圆筒形改为锥形，增大了伞舱的空间，对其内表面进行抛光以使伞能更顺利地弹出。

切洛勉和他的"质子"号

在苏联的航天活动中,"质子"号运载火箭赫赫有名。它是在总设计师切洛勉的领导下研制成功的,现已成为世界上使用最频繁的一种运载工具。

切洛勉是与科罗廖夫同时代的航天科学家。他于1914年6月30日出生在谢德列兹市的一个教师家庭。1937年毕业于基辅航空学院。1940年被苏联科学院授予博士学位,在青年时代就在航空科学领域展露才华。从1942年起,切洛勉开始从事火箭设计工作,他在德国V-1导弹的基础上研制出了一种火箭。在1947年8月3日举行的空军节上,切洛勉设计的飞航火箭在检阅队伍中大放异彩。后来,随着弹道导弹的兴起,巡航导弹逐渐走入低谷。于是,切洛勉决定转变研究方向。1959年,切洛勉建立了自己的设计局,开始研究用冲压火箭技术开发宇宙飞船。在向领导人们展示了他的这些计划后,切洛勉意识到必须付出艰苦努力才能从科罗廖夫设计局占据的航天大蛋糕上切下一块来。于是,切洛勉决定加深与第一书记赫鲁晓夫的交情——他让赫鲁晓夫的儿子来他的设

航天人物

计局担任主设计师。通过大量幕前幕后的努力，1960年5月30日，在科罗廖夫向苏联领导人提交的航天计划中，终于有了切洛勉的名字。后来他被推上了航天工程总设计师的职位。在他的一生中，参加领导了多种型号火箭的研制工作，其中最引人注目的就要算是"质子"号运载火箭了。

1961年，切洛勉向赫鲁晓夫提出了一个庞大的洲际导弹发展计划，在这个计划中，UR500是一种两级型的"全球火箭"。但是UR500最终没有被军方接受，而是决定用于航天发射。1965年7月16日，UR500在拜科努尔发射场执行了第一次任务，将"质子"1号科学考察卫星送入太空，UR500火箭从此得名"质子"号。

"质子"号是当时世界上运载能力最大的火箭之一。它先后有二级、三级、四级等三种型号。其中最大的四级"质子"号运载火箭，可将21吨的有效载荷送入200公里高的低地球轨道，可把5吨的有效载荷送入地球同步转移轨道。目前所有型号的"质子"号火箭都只能从哈萨克斯坦境内的拜科努尔航天发射场发射。在拜科努尔的81号和200号发射阵地各有两个"质子"号发射工位，火箭以水平方式运输至发射台，然后起竖、发射。

"质子"号运载火箭全长45.8米，四级加装上有效载荷的尖头部位长度可达58米，底部最大直径7.4米，起飞重量约800吨。第一级长20.2米，由6台助推器组成，中心是一个直径较大的氧化剂箱，四周捆绑6个燃料箱，起飞推力约1000吨。第二级高13.7米，装有4台发动机，总推力为240吨。第三级高6.4米，装有一台发动机，另有4个校正航向的可控微调发动机，约产生3吨推力。第四级高5.5米，有一台封闭式循环发动机，可二次点火。第一次点火在火箭到达200公里左右高的地球轨道上为宜，使第四级和有效载荷进入远地点为35800公里的大椭圆转移轨道；第二次点火把有效载荷推入准同步圆形轨道，进行第四级分离，有效载荷由专门的发动机控制，漂移在预定的地球同步轨道上定点运行。这就是"质子"号运载火箭发射地球同步卫星的整个过程。

1965年7月16日，"质子"号运载火箭首次发射，将重达12.2吨的卫星送入近地点190公里、远地点630公里的地球轨道，成为人类通向航天

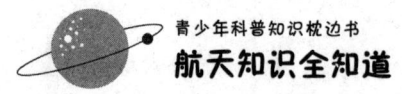

站的第一个里程碑。1971年4月19日，新型"质子"号运载火箭发射成功，将重17.5吨的"礼炮"1号轨道站送入轨道。1971—1978年，相继发射6个火星号探测器。1974年苏联发射第一颗对地静止轨道卫星"宇宙"637号。1975年至1983年连续发射了金星探测器。1984年发射两个探测哈雷彗星的"维加"号探测器。1986年，"质子"号把"和平"号轨道站送入轨道。

在20多年里，"质子"号为苏联的宇航事业立下了汗马功劳。1984年12月8日，在航天技术发展史上做出过突出贡献的切洛勉去世了，但他所架设的通天桥梁依旧高耸在太空，永远为世人所景仰。

知识链接 >>>

切洛勉设计的"质子"号系列的运载能力远逊于美国"阿波罗"计划中使用的"土星"5号火箭，但自它问世以来，一直是苏联在发射大型航天器时的主要运载工具。苏联解体后，俄罗斯将"质子"号火箭投入国际市场，十分受客户青睐。到2007年为止，"质子"号已经执行了40多次商业发射任务。

航天人物

巾帼英雄捷列什科娃首上太空

随着第一位宇航员加加林的升空，人们朝着梦想终于迈出了第一步，迄今为止已有相当多的宇航员乘坐"宇宙飞船"离开了地球，有的甚至将足迹印上了另一个星球——月球。然而，由于宇宙飞行对体力、智力的严格要求以及飞行过程中充满了不确定性和危险性，使相当长的一段时间内，"宇航员"的荣誉只能属于男性。打破男人对宇航员的垄断的是苏联巾帼英雄——捷列什科娃，她是世界上第一位飞上太空的女宇航员。

捷列什科娃出生在远离莫斯科的雅罗斯拉夫城，她的父亲在第二次世界大战中战死，她的母亲在一家工厂工作，独自抚养着三个孩子。小捷列什科娃白天在一家纺织厂干活，晚上则去夜校学习，儿时的梦想是当一名工程师。捷列什科娃很喜欢运动，擅长滑雪和游泳，并且多次横渡过伏尔加河，还参加了航空俱乐部的跳伞活动。

1961年，加加林成为世界上第一名进入太空的宇航员。捷列什科娃如同所有的苏联姑娘那样，将加加林作为自己的偶像。她和航空俱乐部的女友们一起联名给有关部门写了一封信，强调男女平等，并呼吁派一位女子登上太空。令她惊喜的是，没过几天，所有在信上署名的姑娘都被邀请去莫斯科。在莫斯科，集合了许多来自全国不同地区的姑娘，大家的目标是一致的：成为太空第一位女宇航员。考核是严格的，经过了三个月的各种类型的试验，有医学、体育、还有特殊使命方面的，经过层层筛选，幸运女神最终降临在了捷列什科娃的身上。

1962年2月16日，捷列什科娃成为被选中进行太空飞行训练的5名女宇航员之一。当听到自己的名字时，捷列什科娃顿时无比兴奋，她充满了征服太空的信心。从被选中到第一次执行太空飞行任务，历时两年，在这段时间内，捷列什科娃接受了种种宇航员所必需的严酷的训练。

世界第一个女宇航员是在飞行前两周才决定的，要在捷列什科娃和索洛维约娃中做选择。在当时的时代背景下，"阶级立场"是重要的标准之一，捷列什科娃出身工人阶级家庭，索洛维约娃则出身知识分子家庭。于是，最终选择了捷列什科娃。

1963年6月16日，捷列什科娃乘坐"东方"6号宇宙飞船升空。捷列什科娃的原定飞行时间为一天，由于她感觉身体状况很好，于是向地面指挥中心提出延长在太空停留时间的请求，地面指挥部于是允许她多飞了2天。她测试了飞船的控制系统，拍摄了地球、月球和一些恒星的照片。通过无线电与"东方"5号宇宙飞船上的宇航员拜可夫斯基通了话。"东方"5号比她早2天进入轨道。捷列什科娃绕地球运行48圈后，于6月19日返回。这一次，捷列什科娃一共飞行了70小时40分49秒。

"第一位女宇航员"的称号，使捷列什科娃在当时的苏联获得了极高的荣誉——她被授予了苏联英雄称号。1966年，她当选为苏联最高苏维埃代表，从此开始投身社会活动。

知识链接 >>>

女性宇航员的选拔是严格而苛刻的，参选女性要接受各种比男性宇航员更为艰苦的项目考验。作为世界上第一个飞入宇宙的女性，捷列什科娃被誉为"民族英雄""世纪女性"。至今，进入太空的女宇航员已达40余人，她们为航天事业付出了更为艰辛的努力。

航天人物

宇航英雄波利亚科夫

人在太空究竟能停留多长时间?这是科学家在航天技术发展中着力探索和试验的一个问题。这个问题之所以非常重要是因为在航天专家看来,未来的火星载人飞行所需时间将不少于440天,在如此长时间的星际飞行过程中保证宇航员的健康极为重要。

1961年4月12日,苏联宇航员加加林少校乘坐"东方"号宇宙飞船在太空飞行了108分钟。第二个是他的同胞季托夫少校,他于1961年乘"东方"2号宇宙飞船飞行了一天多——25小时18分钟。1965年12月4日,美国宇航员弗兰克、博尔曼和洛弗尔突破了10天大关,他们二人在轨道上待了13天18小时35分31秒。

1971年6月,苏联宇航员多布罗沃斯基和帕查耶夫又夺回了纪录;他们乘"联盟"11号飞船飞上"礼炮"号空间站,并随其飞行了23天18小时21分43秒。后来,宇宙飞行时间纪录在苏联人的"礼炮"号和"和平"号空间站与美国人及其空间站"天空实验室"之间易手。

1987年12月21日,由季托夫、马纳罗夫和列夫钦科组成的三人乘员组，乘坐"联盟"TM-4号飞船升空，两天后飞船与"和平"号空间站对接，他们与早在站上工作的宇航员罗曼年科、亚历山德罗夫会合，共同进行了为期7天的联合研究工作。12月29日，列夫钦科随罗曼年科、亚历山德罗夫返回地面，"和平"号空间站上留下季托夫和马纳罗夫继续在太空飞行。季托夫和马纳罗夫在一年的太空飞行中，先后有"进步"34—39号6艘货运飞船飞抵"和平"号空间站并与之对接，给他们运去了食品、饮用水、仪器、设备、燃料和邮件。同时，他们还接待了3艘飞船9名宇航员到站上进行短期科学考察，开展联合科学实验活动。

1988年8月29日，波利亚科夫作为医生与其他4名宇航员乘坐"联盟"TM-6号飞船发射上天，两天后该飞船与"和平"号轨道站对接。5名宇航员联合进行了20多项实验，包括观察棉花、亚麻种子在太空的生长情况，观测太空中植物和土壤细菌的相互作用，研究宇航员在失重状态的生理心理反应等。为期7天的科学考察结束后，其他宇航员返回，而波利亚科夫则继续留在轨道站上参加季托夫和马纳罗夫的科学实验工作。这一次，波利亚科夫在"和平"号空间站上工作了239天，而季托夫和马纳罗夫两名宇航员则创下了在空间站上工作、生活366个昼夜的纪录。这个纪录一直到了1995年才被打破，而完成这次太空长期飞行壮举的正是曾多次负责"联盟"号飞船与"礼炮"号空间站上载人飞行的医疗保障工作的波利亚科夫医生。

1994年1月8日，在拜科努尔发射场，"联盟"TM-18号宇宙飞船把指令长阿法纳西耶夫上校、随船工程师乌萨切夫和波利亚科夫送往"和平"号空间站，开始了第十五次太空考察。按照计划，在这次飞行中，波利亚科夫将进行人类历史上时间最长的宇宙飞行，要在空间轨道上连续工作400天以上，这是前所未有的壮举。

波利亚科夫当时是生物医学研究所副所长、宇航指挥中心负责医疗的副主任。这次飞行，他的主要任务是探索长时间失重对人体带来的影响，检验宇航员防护系统的效能。

"和平"号空间站经常出现一些异常情况，如控制系统的仪器失灵。此时，空间站内的生存保障能力降低，宇航员生命受到威胁，需要尽快修复。

航天人物

然而，修复有时要持续一天、两天甚至更多。这是对宇航员精神和意志的考验。每逢这种时候，宇航员们总是把目光投向波利亚科夫，因为他在太空飞行中资历最老，最有经验。在关键时刻，波利亚科夫总能发挥出临危不乱、镇定解决棘手问题的能力。

在远离祖国、远离家乡、远离亲人的14个月里，波里亚科夫完成了950项医学实验，他的结论是："人的能力要比想象的大得多，人完全能够在宇宙中停留很长时间，并且保持身体健康、具备工作能力。"波利亚科夫为完成神经生理学和代谢研究，首次动用了一整套站上医学装置。通过一系列实验获得了有关人的淋巴细胞活性、神经心理活动变化以及人体生物节律等方面的新资料。

1995年3月22日，波利亚科夫结束了在"和平"号空间站的飞行，顺利返回地面。这一次，波利亚科夫在"和平"号空间站上连续工作了437天17小时58分17秒。也就是说，他在太空"居住"了一年多——14个半月，共绕地球飞行了7000多周，航程达2亿9000万公里，创下了人类历史上宇宙飞行时间最长的纪录。除此之外，波利亚科夫结束太空飞行以后的身体状况之好，令人吃惊。他并不是二三十岁的年轻人，而是年过52岁的人了，可着陆后他竟奇迹般地从舱内自行出来，然后才坐下，回收小组工作人员忙给他端上一杯热茶，又给他披上一条暖和的毛毯。第二天，人们惊异地发现波利亚科夫在莫斯科附近宇航员训练基地的一个湖边散步。在此之前，为了实现这一切，科学家和宇航员们花费了33年的时间。

1995年4月12日，俄罗斯宇航节这一天，叶利钦总统授予波利亚科夫"俄联邦英雄"荣誉称号。

知识链接 >>>

目前为止，波利亚科夫仍然保持着在一次太空飞行中，在太空停留时间最久的纪录。而在一次太空行走中停留时间最长的是两名宇航员赫尔姆斯和沃斯，他俩于2001年3月11日在太空从国际空间站出舱，在太空停留8小时56分钟。

克里卡廖夫的纪录

2005年4月15日,俄罗斯发射"联盟"TMA-6号飞船,搭载俄、美、意三国各一名宇航员飞赴国际空间站。其中俄罗斯宇航员克里卡廖夫担任指令长,他将和美国宇航员菲利普斯组成的第十一宇航组,接替第十宇航组在国际空间站上做一次长期飞行。特别引人注目的是,克里卡廖夫的这次飞行,创造了在太空累积停留803天的最高纪录。

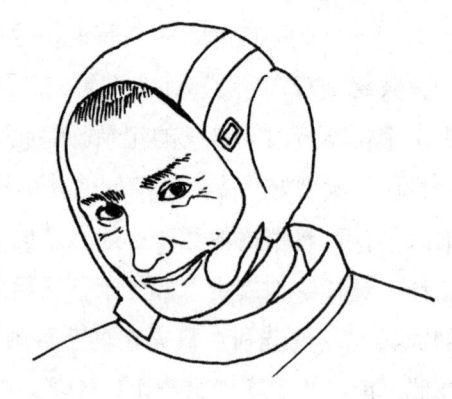

克里卡廖夫1958年8月27日生于列宁格勒(今圣彼得堡)。1981年毕业于列宁格勒机械学院,1985年进入宇航员队伍。他共参加过6次太空飞行。

1988年11月26日,克里卡廖夫和指令长沃尔科夫、法国宇航员克雷蒂安组成第四基本乘员组乘"联盟"TM-7号飞船升空,28日即进入"和平"号空间站,同在站上的3名宇航员会合,共同开展空间科学考察活动。他的第一次太空飞行历时152天。

1991年5月18日,克里卡廖夫与指令长阿尔采巴斯基、英国女宇航员沙曼组成第九基本乘员组,乘"联盟"TM-12号飞船参加第二次太空飞行。

航天人物

他们到达"和平"号空间站,同已在站上工作近半年的宇航员阿法纳西耶夫和马纳罗夫会合,一起进行了6天的考察活动,然后在站上只留下克里卡廖夫和阿尔采巴斯基两人继续飞行,原定他们8月30日返回地面,但由于苏联解体而不得不推迟返航日期。10月15日,克里卡廖夫和沃尔科夫驾驶"联盟"TM-13号飞船从"和平"号空间站的过渡舱脱离,然后对接到"量子"1号天体物理实验舱上,以保证"进步"号自动货运飞船运送补给物品到空间站上来。由于经济困难、资金短缺,计划中的换人飞船推迟升空,使克里卡廖夫滞留太空超过半年,直到1992年3月25日有了接替工作的宇航员,克里卡廖夫才乘"联盟"TM-13号飞船返回地面,这次在太空历时了284天。

1994年2月3日,克里卡廖夫搭乘"发现"号航天飞机升空,成为第一个参加美国航天飞机飞行的俄罗斯宇航员。他与5名美国宇航员乘坐"发现"号飞临太平洋上空时,与同时飞行在加勒比海上空的俄罗斯"和平"号空间站上的宇航员无线电通话成功。这次飞行于2月11日返回地面,他为俄、美载人太空飞行合作的新时代开辟了道路。

1998年12月4日,美国"奋进"号航天飞机升空,把国际空间站的第二个组件——"团结"号节点舱运往太空,在轨道上与早它半个月送上太空的国际空间站第一个组件——俄罗斯"曙光"号多功能舱对接,克里卡廖夫和5名美国宇航员参加了这次两舱组装的太空飞行。当"奋进"号和两舱连接后,克里卡廖夫和飞行指令长卡巴纳两人在打开并穿过三道舱门之后,首先进入"团结"号舱。这三道舱门是航天飞机通向"团结"号舱的必经之路,宇航员得慢慢穿过舱门。由于团结号舱内一片漆黑,他们进去时携带着照明器,首要任务就是打开里面的电灯。地面上的人们通过电视转播看到了他们进舱时的情况。克里卡廖夫和其他5名宇航员还分别架设了从航天飞机通向"团结"号舱的空气输送管道,连接舱内的输送系统,然后又进入俄罗斯的"曙光"号舱。克里卡廖夫为"曙光"号舱检查并更换了一个出现故障的电池,为2000年进入国际空间站的第一批长住居民创造好条件。克里卡廖夫等6名宇航员在国际空间站中停留了一昼夜,然后回到"奋进"号航天飞机。12月15日返回地面，历时12天。

2000年10月31日，克里卡廖夫有幸成为正在建造中的国际空间站上第一批居民之一。他和俄罗斯宇航员吉德津科、美国宇航员谢泼德组成第一宇航组，乘"联盟"TM－31号飞船飞赴国际空间站，主要任务就是使空间站转入有人工作状态。现仅有三个舱段的国际空间站，"星辰"号服务舱内只有两个床位，"曙光"号货舱堆满了各种物资，仅留有一条狭窄的通道，条件还不够好。另外空调系统几乎被空气中滤出的水分浸湿，俄罗斯和美国制造的计算机线路不相匹配。这些问题都在美国"奋进"号航天飞机到达后被一一解决了。克里卡廖夫等3人在国际空间站上接待了三批航天飞机宇航员的来访。第一次是11月30日，美国"奋进"号航天飞机载5名宇航员升空，为国际空间站送去和安装了巨型太阳能电池板；第二次是2001年2月9日，美国"亚特兰蒂斯"号航天飞机又载5名宇航员对接到国际空间站，运来国际空间站的第四个组件——"命运"号实验舱，并把它与国际空间站对接起来；第三次是2001年3月8日，美国"发现"号航天飞机为国际空间站送去了意大利制造的"莱奥纳尔多"号太空舱，机上7名宇航员中有3人是来轮换接替克里卡廖夫、吉德津科和谢泼德的，他们将成为国际空间站上的第二批长住居民。3月20日，克里卡廖夫等7人乘"发现"号航天飞机踏上返回地球的行程。他们这次太空飞行超过原计划21天，居留了139天。

2005年4月15日，克里卡廖夫与美国宇航员菲利普斯、意大利宇航员维托里一起，乘"联盟"TMA－6号飞船飞往国际空间站。他和菲利普斯组成的第十一宇航组，接替第十宇航组成员焦立中和沙里波夫在国际空间站上的工作，值守飞行175天。在太空居留期间，他们两人将一同进行两次太空行走，参加41项生物医学实验。2005年8月16日10时42分，克里卡廖夫累计在太空居留770天，打破了太空停留累计时间的世界纪录。原纪录是他的同胞阿夫杰耶夫创造的，为747天14小时14分11秒。2005年10月10日，克里卡廖夫返回地球，结束了他的太空生涯，自此他的太空累计时间达到803天9小时39分，此记录至今无人打破。

鉴于克里卡廖夫在太空飞行方面的经验，他被授予"苏联英雄"奖章、"列宁"勋章、"法国国家荣誉"勋章、俄罗斯"人民友谊"勋章及"俄罗斯英雄"奖章，1994年、1998年分别获得美国宇航局的"太空飞行"奖章。

知识链接 >>>

1991年12月，苏联解体时克里卡廖夫正在"和平"号空间站上执行任务，返航时所回到的国家已变成了俄罗斯。克里卡廖夫也因此得了个"最后一位苏联公民"的外号。

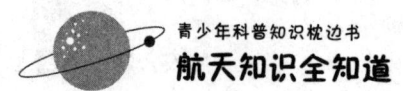

约翰·杨六入太空

美国宇航员约翰·杨是航天史上宇航员生涯最长、执行任务最多的宇航员之一。他是第一个6次进入太空的人,两次去过月球。到2006年为止,他还是唯一操纵过4种航天器的宇航员。

约翰·杨出生于1930年9月。32岁时,约翰·杨作为第二宇航组的成员进入美国宇航局。在"双子星座"3号原来的指令飞行员谢泼德被禁飞后,他的搭档托马斯·斯塔福德也随之被杨替换。杨因此成为了第二宇航组第一个获得太空任务的成员。在与维吉尔·格里森一道执行"双子星座"计划第一次载人任务时,约

翰·杨还创下了美国航天史上的另一个"第一"——将一块牛肉三明治悄悄带上了飞船,因而受到美国宇航局的严厉批评。这给他的宇航员生涯涂上了一个小小的污点。1965年3月23日,约翰·杨乘"双子星座"3号飞船首次升空,完成了对"双子星座"飞船的全过程试验。

1966年7月18—21日,作为"双子星座"10号飞船的指令长,他第

航天人物

二次进入太空，完成了预定太空交会的任务。1969年5月18—26日，约翰·杨以"阿波罗"10号飞船指令舱驾驶员的身份第三次进入太空，完成了月球交会和跟踪设想中的月球着陆点的任务。

1972年4月16—27日，约翰·杨第四次进入太空，执行"阿波罗"16号登月任务，他担任飞船指令长。在与杜克漫步月球的过程中，约翰·杨开着月球车，杜克当乘客，他们以每小时17公里的速度行进。当然沿途也要排除路障，每挖到一块石头，他们都会把它举到摄像头前问地面控制中心："要不要这一块？"在得到肯定答复后，再装到塑料袋里。他们还收集了近100千克月岩样本，驾驶月球车在月面上行驶了近30公里。

1981年4月12—14日，约翰·杨作为指令长乘"哥伦比亚"号航天飞机第五次太空飞行。这是航天飞机的首次载人飞行，在历时54个半小时的飞行中，航天飞机绕地球飞了36圈，验证了发射、在轨和载入过程中各系统的性能。"哥伦比亚"号航天飞机成为世界上第一个在跑道上着陆的载人飞行器。

1983年11月28日—12月8日，约翰·杨作为指令长乘"哥伦比亚"号第六次进入太空，飞行中，约翰·杨和其他5名宇航员一起，进行了94项科学实验，带回大量科学技术数据。此外，约翰·杨还是另外5次太空飞行的候补宇航员。他模拟训练的时间超过15000个小时。在飞机和航天器上度过的时间超过15100小时，其中6次太空飞行累计时间为835小时。

"挑战者"航天飞机事故发生以后，约翰·杨公开对美国宇航局管理层表示不满，于1987年4月被调离宇航员职位。2004年12月31日，74岁的约翰·杨正式退休，他在美国宇航局工作了42年。

知识链接 >>>

作为美国历史上第二批宇航员的一员，约翰·杨对美国航天史上最初的几个航天计划都有过贡献。作为历史上唯一一个在"双子星座"号、"阿波罗"号航天飞机计划中都担任过指令长的宇航员，约翰·杨可以说是人类航天史上的一位传奇人物。

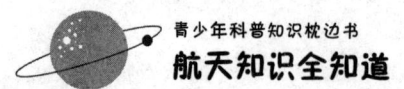

女机长柯林斯

美国"哥伦比亚"号航天飞机失事两年多后,美国宇航局终于决定让"发现"号航天飞机恢复航天飞行。2005年7月26日,美国东部时间10时39分,满载7名太空勇士的"发现"号航天飞机在巨大的轰鸣声中冲入太空。这次飞行承载了停飞两年半积聚的沉重压力,还承载了全世界人们殷切关注的目光……这是一次只能成功不能失败的飞行。而勇挑这一重担的飞行指令长就是航天飞机第一位女机长——艾琳·柯林斯。

艾琳·柯林斯于1956年出生于纽约州小城艾米拉。这里是美国的"滑翔机中心",拥有美国最大、历史最悠久的滑翔机博物馆。从懂事时开始,柯林斯就会跑到滑翔机博物馆旁,花上几个小时,出神地凝望各式各样的滑翔机起飞降落。

1963年,苏联女宇航员捷列什科娃独自一人驾驶太空飞船遨游太空71个小时。这时,柯林斯才刚刚6岁。10岁时,她开始跟随兄长参加模拟火箭的发射活动并非常热衷飞行。柯林斯家并不富裕，她的父母甚至买不起一张飞机票。不过，柯林斯的梦想并不局限于坐一趟飞机。她把自己大部分的业余时间用来看书——从滑翔机的历史，到第一次世界大战、第二次世界大战中出现的各种战斗机的介绍。16 岁开始，高中生柯林斯开始在校外打工挣钱，到她 19 岁那年，终于攒够了 1000 美元。这个内向、腼腆的女中学生带着这笔"巨款"，来到离家最近的飞行学校。当时，几乎还没有哪个飞机驾驶学校收过女学生。不过，飞行学校的老师、一个开过战斗机的越战退伍军人收下了勇气可嘉的柯林斯。

1978 年，大学毕业后的柯林斯如愿以偿地进入空军，开始接受为期一年的飞行训练。此后，她担任了 T-38 飞机的教练飞行员，并多次驾驶 C-141 大型运输机向海外运送美军部队和武器装备。她累计飞行时间高达 5000 多小时，曾先后驾驶过 30 多种不同类型的飞机，飞行经验极其丰富。1985 年，柯林斯进入俄亥俄州空军技术学院深造，1988 年在斯坦福大学获得硕士学位，1989 年又在韦伯斯特大学获航天系统管理硕士学位。1990 年她被选入加利福尼亚州爱德华兹空军基地试飞员学校学习，第二年即被选拔为预备宇航员。此后的日子里，柯林斯作为一名航天飞机的驾驶员与 33 名男同事一起进行标准化训练。她对自己的要求非常严格，为了闯入以男性为主的航天驾驶领域，她推迟了婚期，也没顾上要孩子。她的丈夫杨斯是一名飞行员，十分理解和支持她。经过 5 年的努力后，柯林斯终于成为了一名真正的航天飞机驾驶员。

1995 年 2 月 3 日凌晨，柯林斯驾驶"发现"号航天飞机发射升空，与另外 5 名宇航员一起开始了美国航天飞机的第六十七次飞行。这让她成为有史以来第一位航天飞机的女性驾驶员。这次飞行为期 8 天、行程 580 万公里。柯林斯要驾驶航天飞机实现与和"平号"空间站的轨道会合，飞行难度相当大，且充满了危险。2 月 6 日，柯林斯驾驶"发现"号在距地面 385 公里的高空轨道上追上了俄罗斯的"和平"号空间站。在相距 800 米时，柯林斯将自动驾驶改为手动控制飞行，将两个载人航天器在太空中的距离缩小到 11.3 米。它们以相对于地面时速 2.8 万公里的时速并肩飞行，

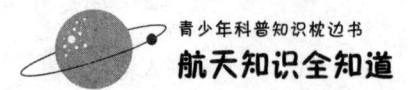

机下是湛蓝的太平洋。柯林斯的成功显示了妇女在太空飞行中的卓越才能。当她返回地面时，记者问她下一个目标是什么，她毫不犹豫地回答："当然是担任航天飞机的指令长了！"两年后的1997年5月15日，柯林斯再次驾驶"亚特兰蒂斯"号航天飞机上天。与6名宇航员一起完成了与"和平"号空间站的第六次对接飞行。在历时9天的飞行中，把美国宇航员福勒送上空间站，并把在空间站居留了4个月的美国宇航员利宁杰接回。同时给空间站运去了2吨急需的补给品和设备。

1998年3月，柯林斯被召进白宫，当时的美国第一夫人希拉里·克林顿在白宫正式宣布任命她为美国宇航局唯一的女性航天飞机机长。在此之前的美国航天史上，从未有一个女性能够成为航天飞机的领导者，担负起完成一次重大航天行动的重任。

1999年7月23日，柯林斯以指令长的身份率领4名宇航员乘坐"哥伦比亚"号航天飞机上天飞行。尽管这次飞行由于燃料积聚超标和天降暴雨而两度推迟发射，但柯林斯不急不躁，沉着等待，终于成行，这体现了她良好的心理素质。航天飞机起飞5秒后，柯林斯发现电源短路，立即向地面控制中心报告电池箱发生故障，结果查明是电力系统出现暂时短路，对飞行没有影响。进入轨道后，她指挥成功释放一架质量为20吨的"钱德拉"天文望远镜。7月28日在柯林斯的指挥下，"哥伦比亚"号航天飞机在夜幕中平稳地降落在肯尼迪航天中心的跑道上。一个3岁的小女孩儿跑向从舷梯上走下的柯林斯，扑进她的怀里，迎接母亲结束这次250万公里的太空飞行的胜利归来。地面控制中心对这次任务的评价是：一次"非常漂亮"的飞行。

2005年7月26日，柯林斯作为资深宇航员，承担了一个具有历史性的重任，她担任了"发现"号的机长，率领6名宇航员，在"哥伦比亚"号航天飞机失事的阴影中重新起飞。这次成功的飞行，柯林斯和她的机组成员以完美的表现，挽救了因"哥伦比亚"号失事而遭受打击的美国宇航局的声誉乃至命运。

航天人物

知识链接 >>>

柯林斯是一位打破航天领域性别壁垒的巾帼英雄,她于2006年退休。一年后,也就是2007年10月,美国"发现"号航天飞机与空间站成功对接,而指挥对接的航天飞机指令长梅尔罗伊与空间站指令长惠特森都是女性,从此航天事业进入了女性"掌权"的时代。

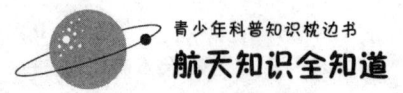

华裔宇航员王赣骏

1985年4月29日,美国"挑战者"号宇宙飞船载着7位科学家和2只松鼠猴及24只白老鼠在美国佛罗里达州卡纳维拉尔角升空。宇宙飞船上5位科学家中包括2名医生、2位物理学家和1名化学工程师。其中两位物理学家中的一位就是王赣骏博士——第一位进入太空的华人,也是第一位在太空从事自己设计的科学实验的科学家。

王赣骏祖籍中国江苏盐城,1940年6月16日生于江西南昌,童年在上海度过,12岁随家迁往台湾。1963年在美国攻读物理,获博士学位,1972年在美国宇航局下属的喷气推进实验室工作。同任何一位有建树的科学家一样,王赣骏为跻身于当今人类科学的尖端科研行列,不知付出了多少汗水。1982年,美国宇航局终于开始在科学家中招募有效载荷专家到太空执行技术性较强的任务。消息一经传出,几万名科学家踊跃报名。王赣骏怀着忐忑不安的心情走进这几万人的应试者队伍中。

在美国,有成千上万名科学家都梦想能登上航天飞机,可是要进入太空搞科学实验,不仅要有科学家的高超本领,还得有飞行员的强健体魄,

航天人物

所以美国宇航局规定的挑选条件非常苛刻。经过挑选，最早参加训练的几百名科学家，一年半后被淘汰得只剩下4个人。经过反复的口试、体检、反应测试和观察，最后，只剩下王赣骏和另一位美国科学家。3年中，王赣骏博士进行了6000多次失重训练，克服了各种困难终于取得了飞上太空的资格。

1985年4月29日，王赣骏搭乘"挑战者"号航天飞机进入太空，开始了7天的太空飞行。这次飞行中，王赣骏做了一项"失重条件下液滴状态研究"太空科学实验。在航天飞机上，他放了一个空箱子，从箱子的一边伸进一根细管，液滴从这个管子的口中"吐"出，吐出时液滴的大小可以调节。从箱子的四壁发出声波来驱动漂浮在空箱中的液滴，由摄像机和电子计算机记录下液滴形状变化和运动情况。宇航员也可透过箱子的玻璃口观察液滴的变形与运动。实验由王赣骏亲自操作。在失重情况下操作实验是不容易的事，因为拿在手中的工具无论大小都没有重量，手的动作幅度掌握不好的话，或者手边的工具不小心一碰，就会飘得无影无踪。飞行一开始，液滴实验设备就发生故障。王赣骏连夜抢修，加班加点，1天工作15小时，花了2天时间才修好，终于成功地进行了失重条件下液滴形状和运动的实验研究，取得了大量宝贵的资料。

王赣骏在太空所做的失重条件下的液滴动力实验，即在失重状态下的流动力学研究，不仅对研究液体在失重条件下的变形和运动具有理论意义，而且为在失重条件下悬浮冶炼技术奠定实验基础，同时对无重力无容器情况下的物质加工也有重要应用价值。

知识链接 >>>

飞上太空的宇航员都有一项"特权"，一些有纪念意义的小物品经检查和登记后，可以随宇航员飞上太空。作为第一位进入太空的华人，王赣骏在1985年访问中国时，将他带上太空的一面中华人民共和国国旗赠给中国政府，以表达他对故土的深切情意。

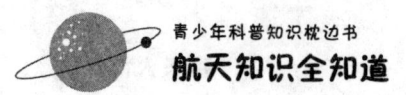

张福林七上太空

从加加林开始,宇航员就成为亿万人瞩目的焦点,也是地球人心目中真正的天地英雄。1981年8月,美国宇航局出现了第一位华裔职业宇航员——张福林。

张福林于1950年出生在哥斯达黎加,襁褓中就随家人搬到委内瑞拉居住。8岁那年,也就是1957年,第一颗人造卫星的发射改变了他的一生。母亲告诉张福林,天空中多了一颗新的星星,它是我们人类制造的。终有一天,人类将能建造太空飞船,坐在里面探索天上的秘密。神秘的太空从此迷住了张福林,他决心成为一名太空探索者。

不久,张福林一家又迁回了哥斯达黎加。此时,张福林还只是一个普通的男孩,过着平常的生活。不过,他在学校里算得上是名模范生,而且很早就流露出对实验科学的兴趣。20世纪60年代,人类的太空探索梦想一步步走向现实。张福林跟踪月球探险的每一条新闻,都使他沉醉在九天揽月的美梦中,决心把自己未来的职业与科学家和太空探索者挂钩,前往美国,加入职业宇航员的行列。而此时的张福林,中学还没有毕业。

1968年8月，张福林离开了哥斯达黎加。此时，他已中学毕业，并做了9个月的银行交易员，有了50美元存款。他的父亲资助了他一张飞机票钱，在美国康涅狄格州首府哈特福德的一家亲戚欢迎他前去与他们住在一起。对张福林来说，美国是片全然陌生的土地。他甚至不会讲英语，张福林不得不先学习英语，同时想办法上大学。

　　一年后，张福林幸运地获得了康涅狄格州立大学的全额奖学金，进该校攻读机械工程学。他的确够幸运，因为张福林所获的奖学金原本只针对美国公民，实际上他没有资格得到。而他的国籍哥斯达黎加与美国的波多黎各少数族裔的英文写法与发音非常类似。学校后来意识到这个错误，并通报康涅狄格州议会。州议会最终网开一面，张福林的奖学金保住了。

　　就在这一年，乘"阿波罗"11号飞船的宇航员登上了月球，张福林目睹了整个过程，但宇航员这个职业梦想似乎比在哥斯达黎加时离他更加遥远。登月成功后，美国的太空计划似乎已经结束，上千的宇航工程师正在被解雇，这反而激发了张福林的另一种热情——科学研究。大学毕业后，他进入麻省理工学院攻读等离子物理和核工程专业，同时依旧充满热情地关注着宇航领域，并开始研究远程太空探索所必需的核能。

　　1977年，张福林从麻省理工学院毕业，获得了应用等离子物理和聚变技术的博士学位。同年他获得了美国国籍。然而，对张福林来说，最重要的事情是，经过多年沉默后，美国宇航局宣布为航天飞机计划招募新的宇航员。对张福林来说，这一切来得太突然了，宇航如此之近，似乎伸手可及。张福林当即参加了宇航员的甄选，可惜未被录取。两年后，美国宇航局第二次招募宇航员时，张福林一路绿灯。1981年8月，张福林成为美国宇航局第一位华裔职业宇航员。

　　1986年1月12日，张福林和6名美国宇航员一道，乘"哥伦比亚"号航天飞机上天飞行。这次飞行开始并不顺利，曾7度推迟发射日期。在7天的太空飞行中，他们成功地施放了一颗通信卫星，进行了20多项材料工艺、天体物理、生命科学等实验，但未能全部完成。张福林为此感到遗憾，表示要再上太空飞行。这个愿望在近4年后实现了。1989年10月18日，

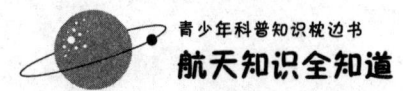

张福林乘"亚特兰蒂斯"号航天飞机参加第二次太空飞行。在这次飞行中,他同4名美国宇航员合作,成功施放重2.5吨的"伽利略"号木星探测器,还收取了对地球起保护作用的臭氧层的数据,开展了聚合物的加工、培植玉米和晶体生长等实验,研究了失重对人体的影响。

至2002年,张福林已先后7次飞入太空,待在天上的时间超过了1600小时,其中还包括三次共约19小时31分钟的太空行走。2004年,美国《发现》杂志评出了第十四届太空科学技术创新奖。在6位获奖者中,张福林名列第一。

知识链接 >>>

张福林是迄今为止进入太空次数最多的华裔宇航员。在1998年执行第六次飞行任务时,张福林曾替诺贝尔物理学奖获得者丁肇中所主持的一项科研计划从事高能物理的实验,希望发现反物质,试图打开宇宙之谜,该次飞行也促成两位杰出华裔科学家合作的佳话。

航天人物

焦立中太空漫步

在美国宇航局的历史上，前后有4名华裔宇航员，分别是王赣骏、张福林、焦立中和卢杰；其中，焦立中保持了至少3项纪录——第一个在太空行走的华裔宇航员，第一位国际空间站的华裔站长，第一位从太空投票选举总统的宇航员；此外，他还是在太空停留时间最长的美国宇航员之一。

焦立中祖籍山东，1960年出生于美国威斯康星州。与许多同时代出生的美国人一样，焦立中最早的宇航员梦想来源于1969年美国"阿波罗"号载着3名宇航员成功登月。当年，大约有100万人前往肯尼迪航天中心观看登月发射。那时，焦立中8岁，与全世界数亿人一样，通过电视看到了美国宇航员阿姆斯特朗小心翼翼地先将左脚伸出舱门，踏上了月球。

20世纪80年代中期，焦立中在加州大学圣塔芭芭拉分校读化工研究专业，他首次向美国宇航局申请成为宇航员，但因未完成学业及没有工作经验遭到拒绝。1987年，焦立中获得博士学位后，先后进入美国赫氏公司和劳伦斯·利物摩尔国家实验室工作，参与研制太空复合材料。1990年1月，焦立中经过不懈努力，最终从2500多名候选者当中脱颖而出，进入美国宇航局受训，并于次年7月通过严格甄选与考核，如愿以偿成为一名正式宇航员。

1994年7月8日，34岁的焦立中搭乘"哥伦比亚"号航天飞机进入太空。成为美国宇航局第一百九十六位获得"太空出差"机会的宇航员。那一次，他在太空待了353小时55分钟，绕地球转了236圈。

由于表现优异，在完成首次太空飞行两年后，焦立中再度获得升空机会，这次他搭乘"奋进"号航天飞机飞天，并成为第一位执行太空漫步任务的华裔宇航员，两度到舱外测试组装国际太空站的技术设备。

2000年10月，焦立中搭乘"发现"号航天飞机第三度升空，这次是航天飞机第一百次太空飞行。在为期13天的任务当中，重头戏是装配"国际太空站"，7位宇航员从地球上搬来重达9吨的Z1支架，作为太空站八扇太阳能板的基石，Z1支架同时包括四个大型回转仪，当太空站绕着地球回转的时候，它可发挥控制太空站方位的重要功能。Z1支架一并含带两套通信系统，一个向地球转播现场的录像画面，另一个可让地球上的科学家观察国际太空站所做的实验。这次任务中的最后一项工作，是安装一具重2000磅（1磅约为0.45千克）的圆锥形舱门接合器，当航天飞机下次造访时，可作为两者接合的另一个舱口。美国宇航局替这次飞行安排了30小时的"太空漫步"，两组宇航员分到舱外进行国际太空站的装配工作。焦立中在这次任务当中一共出舱两回，共计13小时16分钟。返回地球后，他被任命为休斯敦太空中心宇航员办公室"舱外漫步"主任。

2005年4月25日早晨6时08分，一艘俄罗斯"联盟"号飞船降落地面，这标志着首位华裔太空站站长焦立中的最后一次太空之旅的结束。几个月后，焦立中光荣退休。在他15年的宇航员生涯中，先后搭乘"哥伦比亚"号、"奋进"号、"发现"号航天飞机和俄罗斯"联盟"号宇宙飞船四度升空，共进行过6次太空漫步。

航天人物

知识链接 >>>

焦立中第一次上太空时带了一面小小的中国国旗。返回地面后,他把这面五星红旗和在太空中拍摄的海南岛东海岸的照片作为礼物送给中国,以此表达一个华夏子孙的赤子之情。

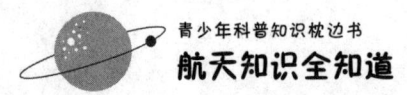

中国"导弹之父"钱学森

从1956年到1968年,短短的12年间,中国在一无资料,二无技术,经济基础薄弱,外国专家突然撤走的情况下,克服重重困难,自行设计、制造、试验并成功地试爆原子弹、发射了导弹和人造地球卫星,取得了进入世界军事强国行列的入门券,令世人刮目相看。"两弹一星",石破天惊!这一伟大成果是全国许许多多劳动人民团结奋斗的结晶,更是火箭、导弹和卫星的总设计师钱学森精心绘制的杰作。

钱学森祖籍浙江杭州,1911年12月生于上海。18岁那年,钱学森考入上海交通大学机械工程系学习。他在交大成绩优异,各门功课都在90分以上,获得免交学费的奖励。交大毕业后,钱学森考取清华大学赴美留学生。20世纪30年代的美国,正值资本主义世界经济危机时期。虽有罗斯福总统提出"新政",但也难以解决各种矛盾,特别是劳动就业的激烈竞争问题。在学校和工厂,种族歧视的行为和目光随处可见。1935年,钱学森在麻省理工学院航空系学习初期,面对某些美国同学傲慢地讥笑中国愚昧落后现象,他不服气地挑战说:"中国现在是比你们美国落后,但作为个人,咱们人比人,你们谁敢和我比试?"后来,只用了一年时间,他就获得航空硕士学位,为中国人争了气。然而,中国学生在麻省理工学院毕业后,要到美国的航空工厂实习,却不受欢迎。这迫使钱学森将专业研究方向由航空工程转为航空理论。好在这也正是他的志趣和特长所在。1936年,钱学森从美国东海岸的波士顿,来到西海岸的加州理工学院,专程拜见世界著名的力学大师冯·卡门,没想到他们第一次谈话就给冯·卡门留下非常深刻的印象。冯·卡门觉得这个文质彬彬的年轻人,一脸认真的神情,对他提出的所有问题都回答得十分精确、简明,非同寻常,钱学森的聪慧和敏锐深深地打动了他。因此,冯·卡门欣然接纳他为自己的博士研究生。

1945年初,美国政府为了抢先接管和获取德国的火箭研究技术,决定派遣冯·卡门率领一批技术专家前往德国考察和摸底,钱学森也是考察组成员之一。为行动方便,他们都被军方授予军衔,冯·卡门是少将,钱学森是上校。他们考察的第一站是设在布伦瑞克附近森林中德国空军的一个秘密研究所,它由德国空军司令戈林直接领导。钱学森与考察团成员详细地察看了研究设备,分析了技术成果,并审讯了有关研究人员。

在慕尼黑,考察团遇到了从德国V-2火箭基地逃出来的400多名工程技术人员,其中包括著名火箭专家冯·布劳恩、普朗特尔。考察团也审讯了这些人。回到美国后,钱学森向空军领导人作了十分精彩的汇报。为此,他获得了空军司令阿诺德上将的通令嘉奖。美国军方在总结第二次世界大战的军事技术工作时,给了钱学森很高的评价,赞扬他为反法西斯战争的胜利做出了"巨大的无法估量的贡献"。1947年,刚刚36岁的中国科学家钱学森,被美国麻省理工学院聘为终身教授。

新中国成立后,钱学森准备回国,美国有人认为:钱学森的专业技术如果带回去,中国的科学技术将高速前进。海军的一位领导人曾对美国负责出境的官员说:"我宁可把钱学森枪毙了,也不让他离开美国!钱学森至少值5个师的兵力。"钱学森的回国计划受到严重阻挠。美国官方"文件"通知他,不准离开美国。本来,他的行李已经装上了驳船,准备由水路运回祖国。可美国海关硬说他准备带回国的书籍和笔记本中藏有重要机密，诬蔑钱学森是"间谍"。其实，这些书籍和笔记本，一部分是公开的教科书，其余都是钱学森自己的学术研究记录。一波未平，一波又起。几天之后，钱学森突然被逮捕，关押在一个海岛的拘留所里，受到无休止的折磨。看守人员每天晚上隔10分钟进室内开一次电灯，使他根本无法入睡。钱学森的遭遇，引起加州理工学院中坚持正义的同事和学生的同情，在他们和其他正直人士的强烈抗议下，美国特务机关被迫释放了他。可对钱学森的迫害并没有停止，他们限制他的行动，监视和检查他的信件、电话等。尽管有种种限制，但钱学森没有屈服。他不断地提出严正要求：坚决离开美国，回中国去！

　　5年过去了，钱学森争取回国的斗争得到世界各国主持正义的人们的支持，更得到了中国政府的极大关怀。周恩来总理曾亲自了解他的情况，并指示参加中美两国大使级会谈的中国代表，在会谈中提出钱学森博士归国问题。1955年8月，我国在这场外交斗争终于取得了胜利，美国被迫同意钱学森返回中国。

　　冲破重重阻拦而回国的钱学森，一头扎在了军事科学的研究中。根据中国的现代工业基础和科学技术水平，他提出了发展现代火箭技术的意见，并以奔放的热情投身到创建中国的航天事业中。他受命参与火箭研制的领导组织工作。当中国第一枚自行设计的火箭发射成功之后，发射人造地球卫星被提上了日程。当时，钱学森实际上是卫星、火箭和地面设备整个大系统的技术总指挥，在最关键的问题上，他总是冲在最前沿。有一次，为解决火箭滑行段喷管控制问题进行了半仿真试验，结果出现了箭体剧烈晃动的异常现象，设计人员有些不知所措。钱学森来到试验现场，认真听取了各方意见。他以丰富的学识，十分有把握地认定，火箭的滑行段已濒临失重状态，而地面的仿真试验并不代表空间运行的实际情况，因此，"晃动"不会影响飞行。钱学森一语定乾坤，使得火箭的研制节节提速。

　　"东方红"一号卫星发射成功后，1970年五一劳动节的夜晚，钱学森在天安门城楼上与毛主席、周总理站在一起，兴致勃勃地仰头遥望节日的夜

航天人物

空，寻找我们中国人自己的那颗会唱歌的星！

钱学森后来长期担任中国火箭和航天计划的技术领导人，对航天技术、系统科学和系统工程做出了开拓性的巨大贡献，被誉为中国"导弹之父"。

知识链接 >>>

1991年10月16日，党和国家鉴于钱学森全心全意为人民服务以及他对中国科技发展的杰出贡献和对国防事业的伟大成就，特别授予他"国家杰出贡献科学家"称号和一级英模奖章。党和国家最高领导人特意为一位科学家举行授奖仪式，这在共和国的历史上还是首次。

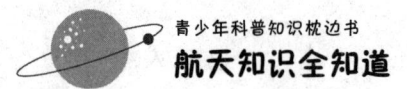

杨南生的"长征"

"长征"一号是为发射我国第一颗人造地球卫星"东方红"一号而研制的三级运载火箭。它的一、二级火箭采用当时的成熟技术，第三级则是新研制的以固体燃料为推进剂的火箭发动机，以此为开端，我国固体火箭事业从无到有、从小到大，实现了快速发展。在这个过程中，火箭专家杨南生做出了巨大的贡献。

杨南生1921年生于缅甸仰光市，祖籍福建。他1岁多随父母回国，因父亲求职无着，长期往返于北京和福建两地，直到1929年上小学后，才在北平（今北京）安定下来。高中毕业后，杨南生离开北平去上海，费尽周折取得了一份英国护照，才得以通过日军封锁，从海路到越南，再辗转进入昆明，考入西南联合大学（简称西南联大）航空系就读。杨南生爱科学，尤迷航空，所以选择航空为志愿。但是，当他了解到国民政府航空委员会的腐败内幕，进而对当时那种只修不造的航空业有了清醒的认识，意识到学成之后仍然报国无门，于是痛苦地终止了对航空的迷恋，转入西南联大机械系学习。

1943年暑期,杨南生修完了机械系课程,受聘到昆明中央机器厂任职。1945年,他又回母校任材料力学助教,逐渐对这一学科产生了兴趣。抗日战争胜利后,杨南生随清华大学迁回北平,为刚回国的钱伟长开设的现代应用力学问题新课程当助教,由此获益匪浅,坚定了他从事力学研究的志向。

1947年,杨南生考取公费留学,赴英国曼彻斯特大学深造。出国前,他征询了钱伟长的意见,选定了塑性力学为研究方向。经过3年的刻苦学习,于1950年获取博士学位。学业刚一结束,他便立即准备回国。经过斗争,几经周折,他与妻子及同学数人,才得以持一份"无国籍人士"护照离英,转经香港,于1950年10月回到祖国。

1958年秋,中国科学院遵照毛泽东主席"我们也要搞人造卫星"的指示,组建卫星研制机构,杨南生被委任为第一设计院负责人之一,负责运载火箭的设计。1964年7月19日,杨南生亲自组织指挥了我国第一枚生物火箭——T7A的发射。在火箭起飞前,由中科院生物所送去的一批可爱的大白鼠、小白鼠,以及装有各种生物的试管,被放入火箭头密封舱内。随着一声指令,火箭带着这批小生命,扶摇直上70公里高空后,又随着降落伞安全返回地面。这批巡天使者,连同它们搭乘的火箭,揭开了中国火箭生物试验的序幕。

1964年8月,杨南生珍藏起周恩来总理的任命书,挥别繁华的大都市,匆匆赶往位于四川的中国固体火箭发动机研制基地,任四分院副院长。当时,四分院的固体发动机被选为"长征"一号火箭的第三级,由于"东方红"一号卫星上没有入轨发动机,火箭第三级就需要承担起入轨发动机的任务。为此,该院成立了工程领导小组,杨南生被任命为组长。为了解决药柱表面裂纹和发动机不稳定燃烧问题,杨南生带领技术人员,反复试验,经过多次试车及冲击、振动等试验,终于在1965年7—8月里,取得了6次飞行试验全部成功的佳绩。这标志着中国已经有能力自行研制以固体复合推进剂为动力的火箭发动机,这是固体火箭发展史上的第一座里程碑!

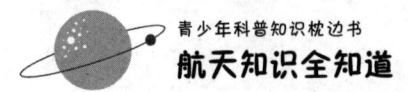

1965年冬，四分院从泸州迁至内蒙古。千里冰封、万里雪飘的北国边陲上，新中国固体火箭的研制工作刚刚开始，"文革"的浊浪便疯狂袭来。研制工作遭到巨大干扰，基地近于瘫痪，连工作、生活不可或缺的车辆，也不再发动。但恶劣的自然条件，可怕的政治动乱，丝毫不能动摇和摧垮杨南生的意志。终于，沙原深处，试验站的高高试车台上，一个发动机，周身捆绑着几个助推火箭，待命点火。1968年1月26日，发动机第一次做旋转试车。30秒，15秒，没有能再往下数，发动机猛然爆燃，如脱缰的野马，吼叫着飞出了试车台……杨南生立即组织力量检查、分析。当他指导工作人员先后解决了两个关键问题后，之后的19次试车，均获成功。

1970年4月15日，杨南生起草的"长征"一号火箭第三级的报告，与任新民起草的第一、二级报告和戚发轫起草的卫星部分的报告，被一起呈送到周恩来总理的案头。党中央很快批准了这份不寻常的报告。1970年4月24日，共和国第一颗人造卫星由"长征"一号送上天宇，第三级发动机的最后一推，把卫星准确送入预定轨道，《东方红》乐曲从此传遍全球。

知识链接 >>>

杨南生是我国航天事业的卓越创业者。他为我国固体火箭事业从无到有、从小到大的发展做出了巨大的贡献。除了用于发射第一颗人造卫星的固体火箭之外，我国的第一枚可返回式卫星制动固体火箭以及第一枚用于水下发射的固体火箭都是在他的主持下研制成功的。

航天人物

航天"总总师"孙家栋

在中国的航天史上,他是中国第一枚导弹总体、第一颗人造地球卫星、第一颗遥感探测卫星、第一颗返回式卫星的技术负责人、总设计师;是中国第一颗通信卫星、静止轨道气象卫星、资源探测卫星、大容量通信卫星、北斗导航卫星等应用卫星大系统的总工程师;还是中国"嫦娥"一号探月卫星工程总设计师。他的传奇人生与中国航天多个第一联系在一起,他就是著名的航天工程技术专家——孙家栋。

孙家栋生于1929年,是辽宁省复县(今瓦房店市)人。18岁那年,他带着憧憬从家乡考入哈尔滨工业大学。当时,新中国开始组建空军,品学兼优的孙家栋作为急需的俄语翻译人才被选送入伍。并且被选送到了苏联著名的茹科夫斯基空军工程学院学习飞机设计、维修及管理。1958年,孙家栋以优异的成绩毕业,还获得了斯大林金质奖章。就在他载誉而归的前一年,一列从莫斯科出发的专列抵达北京,车上载有苏联送给

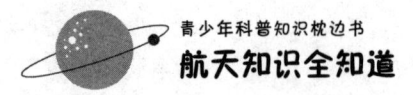

中国的一份"厚礼"——两枚P-2近程导弹。回国后不久，孙家栋进入国防部五院一分院导弹总体设计部，从事仿制苏联P-2导弹到国产东风导弹的研制工作。

1958年，毛泽东代表中国，用他那浓重的湖南乡音向太空发出了一份战书："苏联和美国把人造卫星抛上了天，我们也要搞人造卫星！"这一份战书改变了孙家栋的命运。1967年，他被抽调改行搞卫星。

发射卫星是一个庞大而复杂的系统工程。早在1958年，中国科学院的许多专家和研究人员就开始了中国第一颗卫星的研究设计工作。就在孙家栋组织研制"东方红"一号卫星的时候，法国也发射了人造卫星，成为第三个能发射卫星的国家，日本也在紧锣密鼓加快准备。1965年10月，国家确定了1970年发射卫星，实现卫星要"上得去、抓得住、听得到、看得见"的总体目标。

为了让卫星升空后能让地面"看得见"，孙家栋和同事们想尽了办法。根据对卫星目视亮度的计算，卫星很暗，地面上根本看不见，于是他们就和搞火箭的同事商量，后来终于想出了一个"借光"的办法。让末级火箭和卫星一起运行，并且在末级火箭上安上一圈增加亮度的观测裙。这样，卫星不就可以借光，让地面上看见了吗？

1970年3月21日，"东方红"一号卫星终于完成总装任务，达到了发射要求。历经12年风雨磨难，中国有史以来的第一颗人造地球卫星问世了。这颗卫星虽然在世界上排名第五，但在工业基础薄弱、经济尚不发达的中国，完全依靠自己的力量研制成功，并且水平不低，着实令全世界吃了一惊。"东方红"一号卫星上的全部元器件、设备和材料，以及许多理论和技术难关的攻克，都是中国自己的产品和成果，它是中华民族智慧和精神的结晶。

在主持了"东方红"一号卫星的总体设计方案不久，孙家栋又主持了中国第一颗返回式遥感卫星的总体设计工作。1978年，孙家栋在全国科技大会上对中国返回式卫星的研制经过作了专题发言。针对中国返回式卫星的多项科研成果，大会给予了隆重的表彰。中国成了除美国和苏联之后第

三个掌握卫星返回技术的国家。

随后，作为第一颗静止轨道试验通信卫星的技术总负责人和总设计师，孙家栋参加并领导了其他各类卫星的研制和发射工作。1984年4月8日，中国第一颗试验通信卫星发射成功并进入静止轨道。但在卫星向定点位置漂移过程中，星上蓄电池发生了预想不到的热失控现象，这可能使蓄电池损坏甚至使整星失败。孙家栋大胆果断地作出大角度姿态调整和执行应急技术方案的决定。而实施这一方案，超过了姿态控制系统的设计范围。经过全体工作人员紧张而认真地工作，卫星故障终于得以克服。1984年4月16日，卫星成功地定点于东经125度赤道上空，卫星上的设备工作正常。第一颗静止轨道试验通信卫星为中国通信事业翻开了崭新的一页，也使中国成为世界上第五个发射地球静止轨道卫星的国家。

1986年，孙家栋担任了"东方红"三号通信卫星工程的总设计师。1987年，他又主持了"风云"二号气象卫星工程和中国与巴西合作研制"资源"一号地球资源卫星工程，而每项航天工程都由人造卫星、运载火箭、发射场、测控通信及卫星应用五大系统构成，五大系统中的每个系统均设有总师，由于孙家栋负责上面三项航天工程，所以被人们尊称为"总总师"。

知识链接 >>>

作为"东方红"一号等多颗卫星工程的总设计师，孙家栋是在发射现场见证中国卫星第一次发射和第一百次发射的唯一的航天人。2003年，已是74岁高龄的孙家栋被任命为我国探月卫星工程的总设计师，这标志着中华民族千年奔月之梦开始启动。

"火箭老总"黄纬禄

当德国的V-2火箭袭击英国伦敦时,有一位中国青年工程师在那里目睹了这个历史性事件,他就是后来成为中国航天技术创始人之一的黄纬禄。

黄纬禄于1916年12月出生在安徽芜湖市。20岁时,黄纬禄考进南京中央大学电机系。1940年,他从中央大学毕业后来到重庆山沟里的一个无线电器材厂工作。1943年,英国工业协会来中国招收一批实习生,他以优异成绩通过了各项考试,来到英国。到了英国后,黄纬禄等人被安排到工厂去实习。不久,他又考上伦敦大学无线电专业的研究生,从此,他每天在工厂、学校、住所这三点之间往返,每天工作学习达14个小时之上。黄纬禄常常顾不上吃饭,就在街头随便买个面包充饥。黄纬禄在英国实习之时,恰是"二战"酣战之际。在那里,他目睹了德国V-1、V-2导弹袭击伦敦的一幕幕情景。所谓V-1导弹也就是无人驾驶飞机。其命中率较低,落到伦敦区就算命中了目标。其方位是用相当于指南针的陀螺来控制的,飞行距离由所带燃料多少来控制。发动机声音很大，很远便可听见。燃料燃尽时，发动机即刻停止工作，机体便俯冲下来，落地爆炸。黄纬禄学会听导弹声音来判断自身安全。即听见声音在很远处就不必慌张，若声音过了头顶就绝对安全了。怕就怕声音在正前方不远处骤然停止，导弹很可能会俯冲到自己身旁。

英国工厂有条明文规定：实习生可以晚到半小时，即八点半上班。一天，一枚V-1就在他晚来的半小时里落在了他实习区的窗外。他一到厂就见自己的办公室被炸得一塌糊涂，与他一起的五位英国人，当场死了四位，另一位在送往医院途中死去。当初，英国歼击机的速度没有V-1快，对付V-1很困难。英国为反击V-1，很快研制出了喷气机。喷气机伺机在海峡上打掉V-1。面对喷气机的威胁，德国纳粹又改用V-2导弹，它速度较V-1快得多，每小时飞上千公里。不久后，英国情报部门搞到一枚没有爆炸的V-2，放在皇家展览馆公开展出。黄纬禄围着导弹转悠了好多圈。这时，他心中萌发了一个愿望：回国后一定要搞出中国自己的导弹来。

1947年，黄纬禄获得硕士学位后回国，任职上海无线电公司研究所；新中国成立后，黄纬禄被分配到上海华东工业部电工研究所任研究员；20世纪50年代中期，奉调至北京通信兵部研究所任研究员；不久，中国第一个火箭研究机构成立，黄纬禄旋即调入国防部第五研究院专司火箭控制系统的研究工作，逐渐成长为我国火箭控制系统专家。他历任"东风"一号火箭副总设计师兼控制系统总设计师、"东风"二号火箭副总设计师、"东风"三号副总设计师，人们亲切地称他为"火箭老总"。

20世纪60年代末，我国政府作出研制潜地导弹的重大部署。1970年，黄纬禄由液体导弹控制系统总设计师转任潜地导弹总设计师。潜地导弹是在水下潜艇上发射的，这就有不同于陆地导弹发射的技术条件，有诸多陆地导弹没有的技术问题，比如克服水中阻力的水下弹道问题、弹体密封问题，因潜艇的晃动或行进又需解决发射点的位置、平台调平的基准等问题。众多技术难题都在黄纬禄与同事的通力合作中得到圆满解决。限于国力，当时又侧重研制液体导弹，另加"文革"的阻挠，多年的研制工作近于停

滞，仅仅能做些初步的小型试验，可谓含辛茹苦、步履维艰。这种状况一直持续到 1978 年末才渐渐有了起色。起色有了，还得从节约经费出发。原计划在西部挖建一个大池子引黄河水做水下试验，且已开始动工。但多数人认为应该免修这项工程，直接拿到海上试验。黄纬禄支持大家的意见，如实把意见向上反映。最后在钱学森主持的研制单位和使用单位的协调会议上，才最终确定去海上试验。经地上和水下反复试验，潜地导弹已具备了发射的条件。

1982 年春，在北京召开总师会议，为潜地导弹发射作最后的技术和组织准备。黄纬禄宛如快接近终点的长跑运动员，迈出了百米冲刺的步伐。为确保发射万无一失，他带着几度困扰他的胃溃疡病坚守在现场，对技术上的每个细小环节，都事必躬亲、仔细检查，对每份技术参数都详尽核实。一次某导弹总装测试时，有一个继电器偶尔出现了一次该吸合而不吸合的现象，后来大家又反复测试几十次，这个现象却再不复现。有的同志认为可能不是继电器本身的问题，准备放过去。黄纬禄严肃地说："我们搞科学的就要有科学态度，不能来大概、可能，一定要抓住这个偶尔不放，查它个水落石出。"说着他就和大家一起测试、分析。结果发现是继电器衔铁上一个微小铁屑所致。后来，"抓住偶尔不放"便成了人们的一句口头禅。

1982 年 10 月 12 日这天，秋高气爽。我国渤海海域碧波万里，天空湛蓝无云，海面荡着细小的波浪，不似往日狂澜怒吼，显得温顺祥和。在下午的一个瞬间，潜地导弹如蛟龙腾跃出水面，打破了海面上宁静的画卷，喷吐着白色的云柱直刺高空，云柱如蚕吐丝，越吐越长，在海天之间绘出一幅壮丽的景观。

知识链接 >>>

当我国潜艇水下发射运载火箭成功的喜讯传遍全国的时候，神州大地万众欢腾。因为潜地导弹完全是依靠我国自己的力量生产出来的。它让中国成为世界上能够自行设计、自行发射潜地导弹的第四名成员。

中国运载火箭奠基人王希季

1999年9月18日，北京，雄伟的人民大会堂灯火辉煌。中共中央、国务院和中央军委联合召开的"表彰为研制'两弹一星'做出突出贡献的科技专家大会"在这里隆重举行。江泽民主席亲手将金光闪闪的"两弹一星功勋奖章"佩戴在我国空间事业开创人之一——王希季院士的胸前。

1921年，王希季出生在云南昆明的一个白族家庭。1938年，北大、清华和南开大学迁往昆明，组建成国立西南联合大学。同年秋，刚刚读完高一的王希季在一位同学的怂恿下参加了西南联大的高考。结果他榜上有名——被西南联大机械系录取了。从西南联大毕业后，抱着科学救国的一腔热血，王希季赴美国弗吉尼亚理工学院留学，攻读动力和燃料专业，并获得学位。1949年10月，正在攻读博士学位的王希季听到新中国成立的消息，喜不自禁，毅然放弃了美国政府为留住中国留学生给予的优厚待遇，几经辗转，于1950年初回到祖国的怀抱。

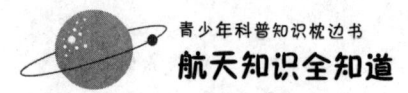

　　王希季本打算投身能源工业,为国家建设大电站,但经不住大连工学院的劝导,便答应先到这里当一名教书先生。后来王希季所在的系被调整到上海交通大学,他又任上海交大的教授。1958年,他突然接到了去上海机电设计院报到的通知。那年只有37岁的他,被任命为设计院的技术负责人,承担中国第一枚探空火箭的研制任务。

　　1959年,国家经济遇到暂时困难,拨给火箭研制的费用很少,刚刚起步的中国航天事业举步维艰。王希季他们暂时抑制住向太空腾飞的渴望,从结构简单、体积较小、无控制的气象模型火箭开始,因陋就简,用最原始的手段进行着进入太空的科学探索。他们用辘轳绞车代替吊车,把火箭吊上发射架;用自行车的打气筒给燃料加压;用电动和手摇计算器4小时不间歇地进行计算,每计算一条弹道,计算用纸就要摞半人高。就这样,仅用了短短9个月的时间,由王希季主持研制的我国第一枚液体燃料探空火箭T-7M就奇迹般地诞生了。

　　1960年2月19日,在上海郊区一个用稻田改建成的简易发射场上,T-7M已经昂然屹立在发射架上,它的飞行高度预计为8—10公里。发射场上没有电,隔着一条蜿蜒的小河,在用芦席围起来的"发电站"里,一台借来的50千瓦的发电机已经开始工作。由于没有任何通信设备,王希季站在用麻袋堆积起来的半人高的"指挥所"里,用挥舞的手势和大声的喊叫,指挥着T-7M的发射。火箭点火后,直冲云霄。王希季冲出"指挥所",扯开已经嘶哑的嗓子和大家一起忘情地欢呼。这次试验成功,是中国自行研制的液体火箭技术取得的一个具有工程实践意义的成果。5月28日,毛主席亲临上海新技术展览会,兴致勃勃地参观这枚飞行高度只有8公里的探空火箭模型。他鼓励大家说:"应该是8公里、20公里、200公里地搞上去!"此后的十年里,上海机电设计院先后研制成功了包括气象、控测、生物试验、核爆取样和技术试验等几个类型18个型号的探空火箭,其中王希季就负责了12个型号。

　　1965年,历史再次将一个充满挑战而又令人羡慕的机遇赋予了王希季——主持中国第一个卫星运载火箭"长征"一号总体方案的论证和设计工作。王希季研究了大量的资料，并根据我国国情和技术基础，创造性地把探空火箭技术和导弹技术结合起来，把液体与固体推进剂火箭组合起来，提出了以中程液体火箭为第一级与第二级，加上一枚固体火箭作为第三级的卫星运载火箭的技术方案，形成了我国征服太空的第一枚航天运载火箭——"长征"一号。这是一个伟大的创举！是中国航天器进入太空的第一次大胆尝试。1970年4月24日21时31分，我国第一颗人造卫星"东方红"一号在"长征"一号运载火箭的巨大轰鸣声中腾空而起，带着中国人的壮志与豪情飞上了太空。

时隔不久，中国第一颗返回式卫星的型号设计工作也落在了王希季的肩上。高度的信任化作巨大的动力，他带领着已经积累了一定设计和研制经验的队伍，开始了更为深入也更为艰苦的探索。从茫茫太空中将卫星召回地面，再令其准确地降落在预定地点，谈何容易！美国曾经一连发射了12颗返回式卫星，但它们都不听使唤地"叛逃"了。第十三颗虽然从天外摇摇晃晃地跑了回来，却无视主人给它划定的范围，一头扎进了波涛汹涌的大海。

1975年11月26日，中国第一颗返回式卫星终于穿云破雾飞上了太空。当人们沉浸在发射成功的喜悦中时，王希季却提着简单的行李匆匆地赶往卫星测控中心。他的任务还没有完成，他还要等待着送走的那颗卫星再听话地返回地面。3天后，天空中终于出现了那顶红白相间的降落伞。在王希季看来，那是盛开在天空中的一朵最美的奇葩。伞下拽着的，就是那个让他望眼欲穿、被大气层烧得黑乎乎的回收舱。它飘过崇山峻岭，准确地落到了预定的回收地点。这颗卫星的回收成功，使中国成为继美国、苏联之后，世界上第三个掌握卫星返回技术的国家。从那以后的几十年时间里，我国发射了20多颗返回式卫星，王希季负责提出的这个卫星方案，一直是返回式卫星系列的基本方案。而且，以此为基本型逐步形成的返回式卫星系列，也是我国成本最低、发射数量最多、成功率最高的卫星系列。

王希季是我国最早研究载人航天技术的专家。研制宇宙飞船的工作重新启动之后，王希季是"神舟"总体论证的高层负责人。按照常规，高层

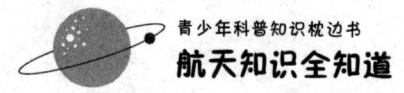

负责人是不必负具体责任的,可他却"不顾身份"地参与进来,为解决穿舱等技术难题做了不少具体的工作。"神舟"号飞船成功地完成了首次无人飞行试验后,王希季又根据国际载人航天活动的最新动态,为我国的载人航天技术如何进一步发展献计献策。

知识链接 >>>

1980年后,王希季先后负责研制和发射成功了6颗卫星,他提出了第二和第三个返回式卫星型号的技术方案,并负责完成了这两个型号的方案阶段的研制工作。中国的返回卫星技术居于世界先进水平,王希季起着关键作用。

任新民"放卫星"

在中国"两弹一星"元勋中,有一位曾被周恩来总理称为"放卫星的人"的航天科技工作者,他就是后来成为我国著名航天专家的任新民。

任新民出生于安徽省宁国市,上中学时受到马克思主义的积极影响,参加共青团。中学毕业后考入南京中央大学化学系,抗日战争爆发后到重庆兵工学校大学部学习,后到兵工厂当技术员。1945年,任新民赴美国密歇根大学研究生院深造,先后获硕士和博士学位。

新中国成立后,任新民回到祖国,在新成立的哈尔滨军事工程学院出任火箭教研室主任和炮兵工程系副主任。在那里,他开始系统地研究火箭。1956年10月8日,中国成立了第一个导弹研究机构——国防部五院,任新民作为从全国各地区、各部门、各院校选调的第一批航天人中的一位,参加筹建工作,并被任命为第六研究室的主任,从事火箭总体方案的设计研究工作。

1958年,两枚苏制P-2导弹运抵中国。任新民身穿上校军服代表中

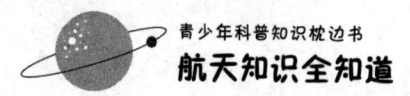

方参加交接仪式，并在协定上签字。从仿制苏制P-2导弹开始，我国导弹研制工作开始了。正当中国仿制P-2导弹工作进入决定性的时刻时，中苏关系破裂，赫鲁晓夫撤走了专家，停止提供任何技术资料，企图把中国的航天事业扼杀在摇篮之中。在困难面前，任新民与科技人员一道大胆实践，忘我工作，边试验，边总结，完全依靠中国人自己的聪明才智，把P-2导弹的仿制工作推向成功。1960年9月，就在苏联撤走专家几个月以后，中国，在自己的国土上，第一次用国产燃料成功地发射了仿制的P-2导弹。

1965年，任新民开始为发射中国人造地球卫星研制"长征"一号运载火箭。液体燃料发动机是"长征"一号的动力心脏部件，它将承担牵引大型三级运载火箭重达上百吨的身躯腾飞的重担。身为研究院副院长，任新民毅然承担起了这项历史性的科研工作。作为领导者，任新民要负责组织、协调火箭研制的系统工程；作为科技人员，他要亲自主持和从事火箭发动机的科研攻关工作。任新民指挥大家在一年多的时间里，披荆斩棘，连续解决了火箭发动机的不稳定性燃烧和一系列相关的关键性技术难题，终于提前完成了"长征"一号运载火箭的总装测试和大型地面试验等准备工作。1970年早春时节，中国的"长征"一号运载火箭在中国航天人的瞩目中，徐徐开出工厂。作为中国航天人的优秀代表，任新民陪同广大科技工作者用心血和智慧凝结出的中国"神剑"一同前往酒泉卫星发射场。

1970年4月24日，任新民指挥的"长征"一号火箭顺利地飞上了蓝色的天空，准确无误地将卫星送到了预定的轨道。作为卫星发射的有功人员，任新民在天安门城楼上受到毛主席和周总理的接见。周总理指着任新民，对西哈努克亲王说，这是我们"放卫星的人"。

1975年6月，中央为了整顿和加强我国的航天事业，任命任新民为第七机械工业部副部长，主管运载火箭和卫星的科研和试验工作。从此，他在中国航天事业的发展历程中，肩负起新的重任。此间，也是我国航天史上最辉煌的岁月，在任新民的主持参与下，我国航天领域实现了一年"三星高照"，特别是成功地发射了中国第一颗返回式卫星，使我国成为继美国和苏联后第三个掌握返回式卫星技术的国家，从而再次引起了世界的瞩目。

航天人物

  1969年10月，中共中央、国务院、中央军委向上海市下达了"701工程"任务，研制火箭是任务中的一项工作。火箭取名为"风暴"一号。为了主持"风暴"一号 运载火箭的研制和发射工作，任新民受命来沪。经过一系列攻关，1981年9月20日，"风暴"一号运载火箭第一次将一组三颗卫星连续送入预定轨道，从而使我国成为国际上少数拥有一箭多星技术的国家之一。

  随着我国改革开放的深入发展，通信事业成为百业发展的先行行业。此后，任新民又把目光落在了地球同步定点通信卫星的工作上。1984年4月8日，任新民亲自目送着中国第一颗试验通信卫星飞向自己的工作岗位。此举，再一次标志着中国航天技术跃上了新的高度。

  任新民把一辈子的时间都献给了国家，是我国导弹和航天事业的创始人之一。但他为人却非常低调，在一次接受记者采访时，任新民坦言："其实我没什么好写的，我一辈子只干了这么一件事"。

知识链接 >>>

  1999年，任新民荣获"两弹一星"功勋奖章。2005年9月27日，任新民在南京理工大学为自己的"两弹一星"元勋塑像揭开幕布，并获得南理工第一号"杰出校友"证书。2006年10月8日，中国航天事业创建50周年纪念日之际，任新民与钱学森等五位专家获得中国航天科工集团颁发的"中国航天事业五十年最高荣誉奖"。2017年2月12日下午3时，任新民老人离开人世，享年102岁。

"神舟之父"戚发轫

2003年11月15日,"神舟"五号飞船载着中国宇航员杨利伟飞入了太空,作为"神舟"一到五号的总设计师,被人们称为"神舟之父"的戚发轫这个名字也由此传遍了全世界。

戚发轫于1933年出生在辽宁省瓦房店市。1957年,戚发轫毕业于北京航空学院。当时,戚发轫攻读的是飞机专业,结果被分配到国防部第五研究院,穿上军装,跟着苏联的一个导弹营学习导弹的操作。1958年,组织上准备选送他去苏联军事院校学习导弹的总体设计。可等他专门学了几个月俄语,满心欢喜准备赴苏时,上级又突然通知他不能去了,原因是苏方不接收军人。为了学导弹,他只好脱掉军装,通过高教部到苏联去学习,行装都准备好了,苏方又有明确意见:学导弹总体设计的人员不能去。这样,他两次赴苏学习导弹技术的机会,都被一只无形的大手剥夺了。在赴苏无望的情况下,他只好安下心来,在国内跟援华的苏联专家学习。然而,正当戚发轫憋足了

劲一心一意跟苏联专家学习导弹设计时,苏联专家又突然全部撤走了!投师无门,四顾无路,唯一的选择,只有丢掉洋拐杖,完全依靠自己的力量和智慧来干!意气风发的戚发轫参与了我国第一枚仿制导弹"东风"的研制工作。在钱学森的带领下,科技人员历经磨难,终于把这枚代号为"东风"一号的仿制导弹打上了天。此后,戚发轫又参与了我国"长征"一号运载火箭的结构和总体设计,并设计出火箭三级与二级的分离方案,经飞行试验证明既简单又可靠。1968年,戚发轫的工作正式从火箭研制转向卫星研制,并成为我国自行研制第一颗卫星——"东方红"一号的技术负责人之一。

1992年1月8日,李鹏总理主持召开了中央专委第五次会议,听取了国防科工委(现已撤并)和航空航天工业部领导关于发展中国载人航天的意见。中国作为一个大国,要搞载人航天。这对于增强综合国力、提高国际地位、增强民族凝聚力和自信心、带动相关学科和工业发展、开发利用空间资源、培养科技队伍都有着极其深远的意义。会议决定,中国载人航天工程正式启动,被命名为"921工程"。工程飞船系统总设计师的重任就落在了时年59岁的戚发轫的肩上。

1995年以后,载人飞船的研制工作全面铺开,戚发轫与各部门商量决定,把总体任务分解成13个分系统进行试验共同完成。"神舟"飞船构形复杂,系统复杂,一艘飞船所用元器件10万多个,电缆网节点8万个左右,计算机软件语句几十万个。每个焊点、每根导线、每一行语句都不能出错。因此,戚发轫要求设计人员,必须以严谨科学的态度来对待疑点、消灭疑点,凡是能预想会出现的问题,甚至是万一会出现的问题,都要千方百计地去发现、去寻找,虽然这种发现和寻找就像大海捞针,但绝不能放弃。有人提出:"火箭升空到一定高度工作结束,该与飞船分离的时候,万一分不开怎么办?"针对这个问题,工程总体要求飞船上再增加一项能保证宇航员手控发送分离指令的功能,以对付这个万一。这个指令要从飞船送到火箭上,还要有独立的电源来支持,牵扯的问题比较多,解决起来很棘手,更何况这不是飞船系统自己可以解决的,还需得到火箭系统的支

持。有没有必要一定要增加这个功能？火箭为什么要接收飞船的指令？当一些人带着抱怨情绪议论纷纷的时候，戚发轫果断宣布：为保成功，确保宇航员的安全，再大的代价也要干！在一次返回舱综合空投试验后，现场工作人员在返回舱里闻到一股异味，经检查发现，舱内有害气体超标！这对宇航员身体将会产生不利影响，甚至危及宇航员生命。经过多次分析试验，问题的根源是多种火工品工作后产生的气体泄漏到返回舱。如何解决舱内有害气体问题？在两年的时间里，戚发轫和大家一起做了无数次试验，最后用先"疏"后"堵"的办法，终于把有害气体排出舱外，消除了隐患。同时，他们还新研制了一种有害气体过滤器，做到了双保险。

1999年11月20日清晨6时30分，"神舟"号试验飞船从地处巴丹吉林沙漠深处的酒泉卫星发射中心起飞，经过21个小时的太空飞行，飞船返回舱按计划在内蒙古中部地区成功回收，中国从此成为世界上继苏美之后第三个掌握飞船发射技术的国家。这一年，戚发轫刚好66岁。"神舟"号的成功发射，把他的事业以及人生一起推向辉煌的巅峰。

"神舟"三号飞船发射之后，有专家又发现了一个不安全因素：在进行大气层外救生时，由于运载火箭燃料未用尽，而火箭与飞船的分离速度又不够，有可能造成空中"追尾"事故。万一爆炸，可能直接危及飞船与宇航员的安全。为了避免这一事故的发生，就要增加火箭与飞船的分离速度，戚发轫立即组织科技人员对飞行程序、飞行软件等进行修改，竭力阻止火箭与飞船在空中"接吻"。几年来，戚发轫和他的同事们为增强飞船的可靠性与安全性绞尽了脑汁，发现问题，解决问题半点都不敢懈怠。排除各种疑虑，使宇航员有了更平安出征的保证。

从"神舟"一号到"神舟"四号，四艘无人飞船已相继经受了太空的洗礼，每一次发射都是一次新的跨越，宇航员"一步登天"的天梯，在一次又一次的跨越中搭建完成。站在这个直入云端的天梯前面，他已经为宇航员准备好了这样一句话："年轻人，放心飞吧，你们一定能平安归来！"

2003年10月15日一大早，中国首次载人飞行的"神舟"五号飞船遨游太空的辉煌时刻即将到来。身着乳白色宇航服的宇航员杨利伟健步走向

飞船。满头华发的戚发轫当着杨利伟的面,在发射任务书上郑重地签下了自己的名字。上午9时整,"神舟"五号满载着中华民族的希望,呼啸着飞向太空。戚发轫久久地伫立着,极目苍穹,心随"神舟"飞……船箭分离、准确入轨、调整姿态、全船供电、天地通话……10月17日凌晨4时32分,北京航天指挥控制中心向飞船发出返回指令。轨道舱与飞船成功分离,推进舱制动火箭点火,推进舱与返回舱成功分离,飞船向地球母亲飞来……降落伞打开,反推发动机点火,飞船成功软着陆,航天员走出舱门向祖国挥手致意……这一瞬间,北京航天指挥控制中心沸腾了!酒泉卫星发射场沸腾了!戚发轫满含热泪,热血沸腾,和年轻人一样欢呼跳跃!他对未来的"神舟"充满着希望:实现宇航员舱外活动,突破空间交会对接技术,研制空间试验室,建立中国的空间站……

知识链接 >>>

科学的使命就是努力去探索人类未知的一切,这不仅需要勇气和胆识,更需要科学方法。20世纪80年代,我国发生了"以飞船起步,还是以航天飞机起步"的争论。戚发轫等专家坚持认为应继承中国研制返回式卫星的经验,发展"飞船"。事实证明,这一选择是正确的。

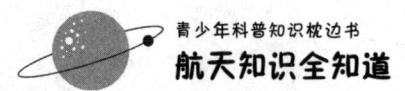

中国飞天第一人杨利伟

2003年10月15日5时28分,酒泉卫星发射中心宇航员公寓问天阁广场。身着乳白色航天服的杨利伟迈着从容而稳健的步伐,向中国载人航天工程总指挥李继耐走去。"总指挥同志,我奉命执行中国首次载人航天飞行任务,准备完毕,待命出征,请指示。中国人民解放军宇航员大队宇航员杨利伟。""出发!"随着总指挥庄重地下达的命令,杨利伟大声回答:"是!"一个标准的军礼,定格在共和国的航天史册上。此后,随着"长征"二号F型火箭把"神舟"五号飞船推向200公里之外的空间,38岁的杨利伟成了第一位叩访太空的中国宇航员。

杨利伟出生在辽宁省绥中县。1983年,杨利伟考进了空军第八飞行学院。经过4年的刻苦学习和训练,他终于成了空军一名优秀的歼击机飞行员。1992年的夏天,杨利伟所在部队来到新疆某机场执行训练任务。那天,他驾驶着战鹰在吐鲁番艾丁湖上空作超低空飞行。突然,飞机发出一声巨响,霎时间仪表显示汽缸温度骤然升高,发动机转速急剧下降!杨利伟明白，自己碰上了严重的"空中停车"故障，飞机的一个发动机不工作了！紧急关头，杨利伟异常冷静。他一边向地面报告，一边按平时训练的要领做出一系列动作，进行妥善处置。他心里只有一个念头：一定要把飞机开回去！他稳稳地握住操纵杆，慢慢地收油门，驾驶着只剩一个发动机的战机一点点往上爬升、爬升。500米、1000米、1500米，飞机终于越过天山山脉，向着机场飞去，稳稳地降落在跑道上。在空军部队服役的十几年时间里，杨利伟安全飞行达到了1350小时。

1996年的初夏，杨利伟接到通知，参加宇航员初选体检。初检通过后，他又被安排到北京空军总医院参加临床体检。几个月下来，886名初选入围者已所剩无几。杨利伟的临床医学和航天生理功能各项检查的指标都达到优秀。1998年1月，他和其他13位空军优秀飞行员一起，成为中国第一代宇航员。2003年7月，杨利伟经载人航天工程宇航员选评委员会评定，具备了独立执行航天飞行的能力，被授予三级宇航员资格。

"神舟"五号飞船发射准备阶段，经专家组无记名投票，杨利伟以其优秀的训练成绩和综合素质，被选入"3人首飞梯队"，并被确定为首席人选。杨利伟全身心地投入了强化训练。飞船模拟器成了杨利伟的"家"。飞船模拟器是在地面等比例真实模拟飞船内环境，对宇航员进行航天飞行程序及操作训练的专业技术训练场所。飞船从发射升空到进入轨道，再调姿返回地球，持续时间几十个小时甚至上百个小时，飞行程序指令上千条，操作动作有100多个。舱内的仪表盘红蓝指示灯密密麻麻，各种线路纵横交错，各种设施星罗棋布。要熟悉和掌握它们，并能进行各种操作和故障排除，只有靠反复演练。于是，杨利伟把能找到的舱内设备图和电门图都找来，贴在宿舍墙上，随时默记。他还用小型摄像机把座舱内部设备和结构拍录下来，输入电脑，刻制了一个光盘，业余时间有空就放来看。后来，在5次正常飞行程序考试中，他取得了2个99分、3个100分的好成绩，专业技术综合考评排名第一。

2003年10月15日晨，杨利伟进入"神舟"五号飞船，按照规定程序有条不紊地进行着发射前的各项检查。8时59分，0号指挥员下达了"1分钟准备"的口令。火箭即将点火。指挥大厅里充满紧张气氛，许多观看飞船发射的人，紧张得连大气都不敢出。一切仿佛在瞬间凝固了。杨利伟在飞船内安稳地目视着前方，静静地等待着那辉煌一刻的到来。医学监视仪器显示，杨利伟的心率：76次/分。据国外有关资料显示，发射前宇航员因为激动或紧张，心跳一般都要加快，有的达到140次/分。指挥大厅里传出了清晰的口令：10、9、8、7、6……这时，屏幕上出现杨利伟向大家敬了一个标准军礼的画面。

飞船起飞了！从飞船的舷窗往外望去，杨利伟看到了深邃而美丽的太空。他激动地告诉大家："我看到美丽的太空了！"飞船进入了太空轨道。这时，杨利伟突然感觉到身体似乎要飘了起来，他清醒地意识到，飞船已经脱离地球引力，来到了太空。在他还来不及体验失重的奇妙感受时，就觉得好像头朝下脚朝上，十分难受。他意识到这是在太空失重状态下出现的一种错觉，如果不及时克服，就很可能诱发"空间运动病"，影响任务的完成。于是他用平时训练的方法，凭着顽强的意志，强迫自己从意识上去对抗和战胜这种错觉，很快就调整过来，恢复了正常。

飞船绕着地球90分钟一圈高速飞行。一会儿白天，一会儿黑夜。黑白交替之间，地球边缘仿佛镶了一道漂亮的金边，景色十分迷人。杨利伟拿起摄像机，赶紧把这壮观的景色拍摄下来。他不由得从心里腾升起从未有过的强烈自豪感，为中国人飞上太空感到骄傲。他郑重地在飞行手册上写下了"为了人类的和平与进步，中国人来到太空了！"飞船飞行到第七圈时，他又在太空展示了中国国旗和联合国旗，表达了中国人民和平利用太空、造福全人类的美好愿望。

杨利伟在太空飞行中的杰出表现，让世界再次对中国及中国的航天英雄刮目相看。经过21小时23分，60万公里的安全飞行后，杨利伟于16日6时23分在内蒙古主着陆场成功着陆返回。

2003年11月7日，在庄严的人民大会堂，中共中央、国务院、中央军委授予杨利伟"航天英雄"荣誉称号和"航天功勋奖章"。

航天人物

> **知识链接** >>>

在助推"神舟"飞天的巨大力量中，有这样一种源源不竭的强大动力——自主创新。继杨利伟之后，又一位航天员翟志刚，在执行"神舟"七号飞行任务中，于2008年9月27日16点45分完成出舱，成为中国太空行走第一人，在太空停留时间14分钟。杨利伟、翟志刚等中国航天人凭着这样的胆识和气魄，向世人表明：中华民族完全有能力依靠自主创新，在世界高科技领域占有一席之地。自主创新精神让中华民族梦圆九天外。

王永志与载人航天工程

2005年10月17日5时38分，我国第二艘载人航天飞船"神舟"六号成功返回地面，遨游太空5天的费俊龙、聂海胜自主走出舱门……就在这一刻，一位年逾七旬的老者流下了激动的泪水。他就是中国载人航天工程总设计师王永志。

1932年，王永志出生在辽宁省昌图县一个贫苦农家。1952年考入清华大学航空系。1955年，被派往苏联莫斯科航空学院飞行器系导弹设计专业学习。1961年毕业回国后，一直从事导弹、运载火箭和载人航天等方面的工作，曾任我国首枚中近程导弹总体设计组组长、首枚中程导弹总体设计室副主任、我国新一代战略火箭总设计师、固体地战术导弹总设计师等职。1985年，他与钱学森等老一辈科学家共同完成"液体战略武器及运载火箭"项目，荣获国家科学技术进步特等奖。

1986年，国际航天发射市场，特别是大型卫星商业发射服务出现运载能力短缺的危机。王永志提出以"长征"二号运载火箭为基础，研制大推力捆绑式火箭，抢占国际卫星发射服务市场的设想。建议获得批准后，仅用了18个月，就带领科技人员成功研制出我国第一枚大推力运载火箭。1990年，王永志主持的"长征"二号E型火箭飞行试验获得成功，为我国卫星发射服务推向国际市场做出突出贡献，该项目获得了国家科学技术进步一等奖。

早在1986年3月，王永志就被聘为"863计划"航天领域专家委员会成员，负责天地往返运输系统和大型运载火箭论证，参与拟制我国载人航天的发展蓝图。1992年9月，我国载人航天工程正式启动，王永志被任命为载人航天工程总设计师。他在总体方案制定、明确总体技术要求、关键技术攻关、重大问题处理等方面做了大量开创性工作，提出了通过技术创新实现跨越式发展的设计思想，为缩短研制时间、节省研制经费，实现高起点、高效益、跨越式发展的战略目标起到了决定性作用。他主持拟制工程总体技术方案并确定了七大系统的基本方案，做到了总体优化，各系统协调匹配，兼顾了后续任务的发展，实现了以"准确入轨、正常运行、宇航员安全返回"为标志的高安全、高可靠的目标。"神舟"号的辉煌战绩，凝聚着王永志的心血与智慧，在中国载人航天事业发展的历史丰碑上，镌刻着他建立的卓越功勋。

知识链接 >>>

从1999年至今，我国进行了6次载人航天工程飞行试验任务，2003年10月15日，首次载人航天飞行成功，圆了中华民族千年飞天梦想；2005年10月12日，"神舟"六号载人航天飞行成功，载人航天工程实现"多人多天"飞行的重大跨越；2008年4月25日，"神舟"七号成功发射，航天员首次出舱活动，中国随之成了第三个掌握空间出舱活动技术的国家；2012年6月16日，"神舟"九号发射成功，我国有了第一位进入太空的女性；2013年6月11日，"神舟"十号飞天，这是中国载人天地运输系统的首次应用性飞行；2016年11月18日，"神舟"十一号飞船为后续的中国空间站建造奠定了坚实的基础。

航天史上的重大事件

火药的革命

火药是人类掌握的第一种爆炸物,是中国古代的四大发明之一,而且被认为是对人类历史所起作用最大的发明,是我国人民对世界文明的一个伟大贡献。

我国最早的火药是在公元9世纪后半期唐末宋初问世的。当时发明的火药,现在叫黑色火药,是硝石、硫黄和木炭三种粉末的混合物。很早以前,古人对这三种物质就有了一定认识。早在新石器时代,人们在烧制陶器时就认识了木炭,把它当作燃料。商周时期,人们在冶金中已广泛使用木炭。木炭灰比木柴

少,燃烧强度高,是比木柴更好的燃料。硫黄天然存在,很早人们就开采它。人们在生活和生产中经常接触到硫黄,如温泉会释放出硫黄的气味,冶炼金属时,逸出的二氧化硫刺鼻难闻,这些都会给人留下印象。古人掌握最早的硝可能是墙角和盐碱地的土硝,硝的化学性质很活泼,能与很多物质发生反应,它的颜色和其他一些盐类区别不大,在使用中容易搞错,在实践中人们掌握了一些识别硝石的方法。

硝石和硫黄一度被作为重要的药材，在汉代的《神农本草经》中，认为硝石能治20多种病，被列为上品中的第六位。硫黄被列为中品药的第三位，也能治10多种病。这样人们对硝石和硫黄的研究就更为重视。虽然人们对硝石、硫黄、木炭的性质有了一定的认识，但是硝石、硫黄、木炭按一定比例放在一起制成火药还是炼丹家的功劳。在炼丹过程中，炼丹家很注重硫黄，因为硫黄是能够制服金属的奇异物质，它可以和水银化合生成硫化汞，还可以和铜铁等金属化合。硫黄性质活泼，容易着火。为了控制硫黄，炼丹家把硫黄和其他物质一起加热形成化合物，来改变它容易着火的性质，这种方法称为"伏火法"。在进行硫黄"伏火"的种种实验中，他们发现当硫黄、木炭和硝石一起加热时，极易发生激烈的燃烧。由于硫黄和硝石在我国古医书上被列为治病的药物，所以把它们和木炭的混合物称为"火药"，意思是会着火的药。

  火药不能解决长生不老的问题，又容易着火，炼丹家对它并不感兴趣。于是，火药的配方由炼丹家转到军事家手里。在火药发明之前，古代军事家常用火攻这一战术克敌制胜。在火攻中常使用"火箭"，即在箭头上附着易燃的油脂、松香、硫黄等，点燃后射向敌方。但由于这种燃烧火力小，容易扑灭，所以火药出现后，人们就用火药代替上述易燃物，制成的火箭燃烧就猛烈多了。有时在火药中加上巴豆、砒霜等有毒物质，燃烧后生成的烟四处飞散，相当于"毒气弹"。但这些都只是利用火药的燃烧性能。随着火药武器的发展，逐步过渡到利用火药的爆炸性能。北宋时用于击退金兵的所谓的"霹雳炮""震天雷"等，就是以铁壳作为外壳，由于铁的强度比纸、布、皮大得多，点燃后能使炮内的气体压力增大到一定程度再爆炸，所以威力强，杀伤力大。从利用火药的燃烧性能到利用火药的爆炸性能，这一转化标志着火药使用的成熟阶段的到来。

  火药武器是通过战争传到阿拉伯国家的。公元1260年，元世祖的军队在与叙利亚作战中被击溃，阿拉伯人缴获了火箭、毒火罐、火炮、"震天雷"等火药武器，从而掌握了火药武器的制造和使用。后来，阿拉伯人与欧洲的一些国家进行了长期的战争，战争中阿拉伯人使用了火药兵器。在与阿

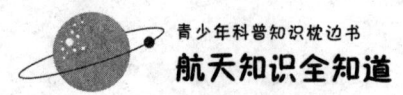

拉伯国家的战争中，欧洲人逐步掌握了制造火药和火药兵器的技术。此后的数百年里，随着无烟火药、双基火药、雷管、TNT等的出现，枪炮、火箭、炸弹、导弹陆续诞生了。

知识链接 >>>

原子弹出现前，威力最大的火药是被称为"旋风炸药"的黑索金，它是德国人亨宁于1899年发明的，但直到第二次世界大战才由美国和加拿大大量生产。如今，炸药在国民经济中被广泛应用于实施各种爆破作业，工业发达国家的炸药的年消耗量甚至在和平时期也达数十万吨。

康格里夫火箭显神威

17世纪，英国入侵印度。不可一世的英军在迈索尔（南印度土邦，即今日的卡纳塔克邦）战争中连续吃了几场败仗，迈索尔军打败英军的撒手锏是当地自制的火箭。虽然迈索尔火箭的命中率很低，但是大量使用仍能给敌人造成很大的伤亡，特别适合对付目标较大的骑兵。迈索尔火箭的战绩震动了英国，于是很多英国科学家开始了火箭武器的研究，但真正获得成功的唯有威廉·康格里夫。

威廉·康格里夫是英国肯特郡人，毕业于剑桥大学法学系，曾在英国皇家炮兵部队服过兵役。1801年，康格里夫倾其所有搜集了伦敦市面上几乎所有的大号火箭，开始了火箭武器的研制工作。康格里夫从来没有去过印度，他关于印度迈索尔火箭的所有知识全部来自其他人的相关著述和日记。凭着这些只言片语的记载，康格里夫对手头的几枚火箭进行了改装，试射之后，发现这些火箭的最大射程只有500—600码（1码约为0.91米），仅是迈索尔火箭的一半。康格里夫明白，如果不对迈索尔火箭的实物进行研究的话，自己很难有所突破。四下打听之后，康格里夫得知在肯特郡伍尔维治皇家兵工厂的实验室里保存着几枚缴获的迈索尔火箭。于是，康格里夫通过担任兵工厂主计长的父亲威廉·康格里夫中将向政府提出了研究这些火箭和使用兵工厂实验室的申请。他的申请得到了查塔姆伯爵的批准。没过多久，康格里夫就在迈索尔火箭的基础上研制出了一种新型火箭。这种新型火箭长4.5英寸（1英寸约为2.54厘米），直径3.5英寸，导向杆长16英尺（1英尺约为0.3米）。火箭箭身是由薄铁皮卷成的细长圆柱体，火箭头部为圆锥形整流罩。导向杆由铜环或铁环固定在箭身的一侧。康格里夫设计了专用的火箭发射架，可以根据需要调整射角。第一枚新型火箭的最大射程为1500码，康格里夫很快就将其增大到了2000码。当时的英国正在进行一场反对拿破仑的艰苦战争，因此任何具有军事价值的发明创造都不会被军队放过，康格里夫的火箭很快就有了用武之地。

1805年11月18日，英国海军上将史密斯的舰队使用康格里夫研制的火箭攻击了法国北部的布伦港。当时，英军发射了约200枚火箭，但受到天气的影响，这些火箭只摧毁了3栋房屋。尽管初次上阵的表现不佳，但康格里夫仍然对自己的火箭充满了信心。经过他的不懈努力，火箭的最大射程在1806年被提高到了3000码。1806年10月8日，为了摧毁布伦港内的法国舰队，18艘临时改装的火箭发射艇驶进了布伦湾，在30分钟内发射了200枚火箭。火箭没有给法国舰队造成多大的损失，却严重破坏了布伦镇。此后，康格里夫改进了火箭发射船的设计，安装了倾斜的火箭发射槽，从而研究出了专门执行火箭发射任务的新型火箭发射船。这种火箭发射船刚一问世，就成为了皇家海军的制式装备。

康格里夫火箭第一次被英国陆军使用是在1807年的哥本哈根之战。英军此战是为了俘获丹麦海军的舰队，以免为拿破仑所利用。为此，英国派出了一支包括25艘战列舰、40艘巡洋舰、若干艘小舰和370艘运输船的庞大舰队。康格里夫亲自出马，带着火箭参加了这次远征。由于丹麦人用沉船阻塞了进入哥本哈根的水道，鉴于1801年哥本哈根之战的教训，英国

航天史上的重大事件

舰队没有冒险从海上正面突入港湾。却让英国陆军在韦德贝克和克耶登陆，从背后包围了哥本哈根。尽管如此，丹麦人依然顽强地保卫着自己的首都，坚决不肯投降。在这种情况下，英军决定以一场猛烈的炮击来摧垮守城军民的意志。炮击任务由登陆部队的炮队执行，原本准备从海上发射的火箭改为从炮兵阵地上发射。在威廉·康格里夫的指挥下，大批火箭从船上被卸了下来。除了几次极短暂的停歇外，炮击从1807年9月2日一直持续到9月4日。在哥本哈根城内瓦砾遍地、死伤枕藉的情况下，丹麦政府不得已向英军屈服，交出了舰队。这三天里，英军一共向哥本哈根发射了4万枚火箭，在空中嗖嗖作响的火箭吓得人们心惊胆战，而它们在哥本哈根点燃的熊熊大火对迫降丹麦人起了关键性作用。

哥本哈根之战的成功使康格里夫信心倍增，他发现火箭的陆战价值，从此萌发了用火箭取代陆军大炮的想法。不久后，英国陆军组建了两个火箭连。这两个连隶属于骑乘炮兵部队，官兵的装束打扮因而与骑乘炮兵一模一样。火箭连很快就出现在了欧洲大陆的战场上。在1813年10月中旬进行的莱比锡会战中，康格里夫火箭大显神威。火箭连集中火力攻击了一个约有2500人的法军纵队，一下子就让这个纵队溃败了。在1815年6月17日的滑铁卢战场上，火箭连使用火箭和6磅炮支援友邻部队，一颗颗火箭弹越过战线，正中法军的装备马车，拿破仑就这样在滑铁卢战役中惨败而归。

尽管康格里夫火箭在战场上屡建功勋，但在拿破仑战争之后，它们很快就从英国陆军的武库中消失了。1816年，已经徒有虚名的火箭军团被正式解散。康格里夫对此感到非常失望，因为他多年以来一直致力于用火箭取代陆军的大炮。为此，他在自己的多部著作中指出了火箭的优点。这时，康格里夫火箭的最大射程已达3000码，而10英寸臼炮的最大射程只有2000码。况且，康格里夫火箭具有很高的机动性，即使是单兵也能携带。相比之下，10英寸臼炮堪称陆军现役"最笨重的武器装备"。此外，从经济的角度来看，火箭的优势也很明显。虽然1枚32磅火箭与1发10英寸炮弹的造价相差无几，1枚32磅火箭价值1镑1先令11便士，1发10

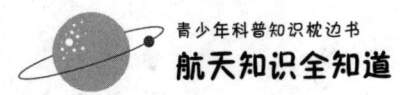

英寸炮弹价值1镑2先令7便士。但是，火箭发射架的造价显然要比大炮低得多。尽管如此，英国陆军最后还是放弃了火箭，主要原因是康格里夫火箭精度低，性能欠稳定。康格里夫并非不知道火箭的这些缺陷，事实上，他一直在努力地进行改进工作。1813年，他对火箭的设计作出了重大修改，火箭箭身从圆柱体变成了圆台，但仍保留着圆锥形整流罩。火箭头部直径6.4英寸、尾部直径4.5英寸。导向杆不再被固定在箭身的一侧，而是出现在了火箭的中轴线上，由3或4爪叉形物固定在火箭底部。这种"中心线导向杆"的设计的确改善了火箭的稳定性，提高了命中率，但终究无法改变康格里夫火箭被陆军淘汰的命运。

虽然康格里夫火箭最终退出了战场，但火箭技术的发展并没有停止。它的出现为现代火箭的诞生奏响了序曲。

知识链接 >>>

康格里夫火箭的出现，在欧洲引发了各国制造火箭的高潮，推动了火箭技术的发展。19世纪后期，随着火炮技术的飞速发展，火炮变得更加灵活，射速更快，射程更远，威力更大，近代火箭逐渐退出战场，被用于海上救援、照明及人工驱雹，但火箭技术的发展并没有停止，在此基础上产生了导弹和运载火箭。

"终极武器"V-2火箭

众所周知,德国在第一次世界大战中是战败国。因此按《凡尔赛和约》规定,对德国的军备进行限制,不准它发展重炮和坦克等常规兵器。但国际组织的首脑们却恰恰忽视了一个重要的问题:限制德国武器发展的项目中没有火箭。于是,狡猾的德国陆军于1930年奉命接受了秘密研究液体火箭的任务。1942年,希特勒指望用来摧毁英国和美国的"终极武器"诞生了,纳粹德国的宣传部长戈培尔特意替它取了个名字:"V-2"火箭。"V"在英语中是胜利的意思;而在德语中则是"复仇"的第一个字母。

"V-2"火箭的设计者是被称为"现代航天之父"的冯·布劳恩。他从小对天文和火箭极有兴趣。1930年,冯·布劳恩进入柏林大学,成为德国火箭专家、现代航天学奠基人之一奥伯特的学生。一天,正当布劳恩与大学火箭俱乐部的成员们做新型火箭试验时,3名德国军方的代表来看他们的试验。试验给军方代表留下了深刻印象,他们许诺给布劳恩提供研究经费,条件是布劳恩必须严守秘密,只能将研究成果交给军队。就这样,

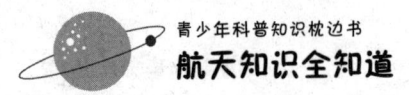

布劳恩成了一名不穿军装的军方研究人员，而火箭研制也被纳入军方控制之下。原来，重整军备的纳粹德国为规避《凡尔赛和约》中对远程大炮的限制，转而寻求其他远程武器。在军方的强力支持下，布劳恩团队的研究进展很快。1933年1月，通过克服许多困难而研制成功的一台液体火箭发动机，在60秒内持续生产了140千克推力，但接着就爆炸了，当分析失败原因时，一位发明家说："现代发明主要是把已知的、现成的部件组合起来。"布劳恩颇受启发，他招集了焊接专家、阀门技工、仪器制造匠、固体火箭技师，并把他们组织起来。在静态试车台上，一台以液氧—酒精为燃料的液体火箭发动机达到了300千克推力。但用在真正的火箭上，摆动和平衡问题十分重要，布劳恩设计了一个大飞轮，充当陀螺仪，保持火箭的稳定飞行，但随后研制发射的H-1液体火箭却爆炸了。由于布劳恩和他的同事已经积累了丰富的火箭事故分析经验，所以原因很快就找到了。

1937年4月，布劳恩选择了德国和波兰的界河——奥德河不远处一个叫佩内明德的地方作为自己的火箭试验基地。两年后，布劳恩在佩内明德火箭试验场见到了希特勒。希特勒详细询问了火箭构造，并提出了具体意见，他盘算着怎样把火箭纳入他的战争计划。

第一枚V-2火箭于1942年春天发射，仅1秒后就因燃料系统故障而坠落爆炸。第二枚V-2飞行了45秒由于仪器舱强度不足而空中解体。经过改进的第三枚V-2在1942年10月2日发射，取得了成功。它上升到85公里的高度，射程达190公里，基本实现了设计要求。德国首脑们一下子成了"火箭迷"，希特勒希望用V-2的优势袭击英国，以报盟军轰炸之仇。

正当V-2导弹决定要大批量生产时，英国空军分析人员和间谍终于发现了佩内明德，丘吉尔明白火箭事关重大，1943年8月17日，571架盟军重型轰炸机轰炸了佩内明德，严重破坏了V-2的科研和生产设施，几家配套工厂也同时遭到了轰炸。希特勒不得不把火箭工厂转入地下，在诺德豪森市的一座巨大的山洞工厂里开始大规模生产V-2导弹，工厂大量使用战俘和集中营囚犯。1944年春天月产300枚，后来增加到了900枚，

航天史上的重大事件

几家零部件厂也迁到附近,大量 V-2 导弹就这样被制造出来了,大批量生产的 V-2 单价是 3.8 万马克,而当时一架战斗机的价格是 50 万马克。

当时德军的败局已定。但是,希特勒还要做垂死挣扎。1944 年 9 月 8 日,德军"秘密武器" V-2 火箭正式登场了。这天傍晚,伦敦的市民们正准备坐下来吃晚餐,突然一枚火箭从天而降,一声巨响之后,有十几个人伤亡。这种新"炸弹",使英国首都市民在心理上惊恐万分。纳粹军队将 V-2 火箭隐蔽在荷兰海牙郊区的丛林中,向英伦三岛发动大规模的袭击。

V-2 火箭可在地面用无线电控制,或用安装在火箭上的加速装置控制,是一种威力巨大的弹道式导弹。火箭全长 14 米,直径 1.65 米,有四片尾翼。起飞重 13 吨,发动机推力 26 吨,能把 1 吨重的弹头送到 260 公里远,发动机熄火时速度达到每秒 1.6 公里。德国火箭部队采用垂直发射的方式,在发射时,用类似高高竖起的石油钻井架将火箭安装在发射台上。火箭穿过大气层飞抵目标,其飞行的轨迹,绝大部分为自由抛物线轨迹。再加上飞行速度快,只要四五分钟即可到达袭击目标,落地之前又听不到声音,因此当时令对方无法防御。

从 1944 年 9 月 8 日首次使用到 1945 年 3 月 27 日最后攻击,纳粹德国总计发射了大约 3000 枚 V-2 火箭,主要攻击英国伦敦等盟国目标,造成了 7250 名盟国军民死亡,其中伦敦市民死亡 2754 人,受伤 6523 人。1945 年 5 月,用于 V-2 火箭水下发射的弹舱制造完毕。如果不是德国战败,按照希特勒的计划,美国纽约将成为德军潜射 V-2 火箭的目标。

V-2 火箭理所当然引起了盟军的高度注意,战后美苏两国更是想方设法获得其材料、设备和人员。美国比较幸运,由于较早得知 V-2 火箭的情报,先下手为强,于 1945 年 5 月 22 日发动特别行动,抢占了位于德国巴伐利亚州纳蒙的 V-2 火箭生产基地,根据雅尔塔协定,该地区应由苏军占领和管理。到 1945 年 5 月 31 日,美军动用了 300 节火车车皮和 13 艘轮船,将近 100 枚 V-2 火箭及全部设计图纸、生产设备和人员抢运一空。等 1945 年 6 月 1 日苏军达到该地区时,只剩下了空空荡荡的厂房。更幸运的是,德国火箭计划鼻祖布劳恩决定带领其研究团队向美军投降。这支包

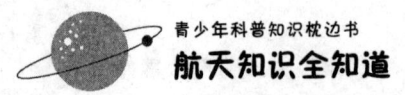

括几乎全部德国火箭精英在内的400人队伍成为了美国空间技术的奠基力量。苏联在获知V-2火箭消息后，也开始有意识地搜寻所占领的德国境内V-2火箭材料和设备。1945年7月左右，一些遗留的V-2火箭材料和人员被找到，并于1946年迁往俄罗斯，与苏联已有的火箭研究人员组成了约250人的火箭研究队伍。此外，日本、英国和加拿大也得到了一些V-2火箭。截至2005年，大概还有20枚以上的V-2火箭被保存了下来，分别陈列于澳大利亚、法国、德国、英国和美国的博物馆里。

　　火箭不应该用作战争的工具，而应成为打开宇宙大门的钥匙。虽然德国的V-2火箭在战争中扮演了极不光彩的角色，但它在技术上实现了宇航先驱们的设想，使人类向征服太空跨近了一步。V-2火箭的出现对现代大型火箭的发展起了承上启下的作用，在世界航天发展史上是一个重要的里程碑。

航天史上的重大事件

宇航圣地拜科努尔

在哈萨克斯坦共和国南部人烟稀少的半沙漠地带,有一块占地4.6万平方公里的军事禁区。在长达近半个世纪的岁月里,这块地方始终有重兵把守,人们进出需特别通行证。这个充满神秘色彩的地方便是拜科努尔宇航基地,它是世界上最大的航天发射基地。半个世纪中,从这里发射了约2500枚火箭,把3000多个航天器送入轨道,将130位宇航员送上太空遨游。作为人类进军宇宙的圣地,拜科努尔曾有过辉煌的过去。它曾创造过人类宇航史上四项第一:1957年,成功发射了人类第一颗人造卫星;1961年,它完成了将人类首次送入太空的壮举;

1963年,它将人类第一个女宇航员送入太空;1971年,它又送出第一个载人航天站。这四个第一奠定了它在人类探索宇宙的史册上不朽的地位。

拜科努尔原是哈萨克大草原上的一座农庄,这里生存条件十分恶劣,夏天气温高达45℃,常伴强风和沙尘暴,冬天气温低到-40℃,常有暴风

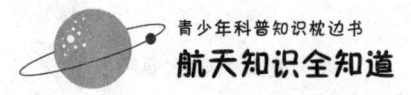

雪降临。1955年6月2日，苏联武装力量总参谋部下令组建拜科努尔宇航基地。此后的10年里，基地实施了一系列由"苏联火箭之父"科罗廖夫主持设计的洲际弹道导弹试验开发计划。从20世纪60年代中期到70年代中期，基地试验并生产了一系列新型运载火箭，从"飓风"2号、"联盟"号系列到重型运载火箭"质子"号等。世人瞩目的"联盟"号系列宇宙飞船、"礼炮"号系列轨道站、登月器、金星探测器和苏联首架航天飞机也都是从这里发射升空的。

经过50多年的建设发展，拜科努尔航天中心已经拥有15个航天运载火箭发射设施、4个试验洲际弹道导弹发射装置、11个火箭和卫星装配测试大楼和3个航天燃料站。中心分为载人航天器发射区、大型运载火箭发射区和航天飞机发射区三个部分。每个发射区都配有运输起竖车、燃料加注设施、发射控制室、发射台和服务塔等。

载人航天器发射区在发射场的北部偏东，有3个主要发射阵地和技术阵地。在"联盟"号飞船发射阵地，最著名的是加加林发射台，1955年建成后发射了第一颗人造卫星和第一艘载人飞船，至今仍是发射"联盟"号载人飞船最繁忙的发射台之一，在它的发射架支柱侧面绘有396颗黄星，表示它创造的发射次数纪录。

大型运载火箭发射区位于发射场的西北部，主要发射不载人航天器。其中主要是"质子"号运载火箭发射阵地，这里发射升空的有"礼炮"号、"和平"号空间站及其对接的实验舱；还有"地平线"号、"荧光屏"号地球同步轨道通信卫星，"格罗拉斯"全球定位导航卫星等。"质子"号发射阵地由固定式发射台、可移动式服务塔、推进剂库和控制室等组成，在技术阵地可以同时装配6枚运载火箭。

航天飞机发射区位于发射场北部偏西，主要任务是用"能源"号运载火箭发射"暴风雪"号航天飞机。它有3座发射台，一号台用于发射不带航天飞机轨道器的"能源"号运载火箭，二、三号台基本相同，用于发射航天飞机。"能源"号运载火箭装配大楼长274米、宽160米、高40米；"暴风雪"号航天飞机总装大楼长300米、宽240米、高37米；"能源—暴风雪"

号联合体检测大楼长 240 米、高 60 米，振动试验塔高 100 米。这些大型设施在空旷的草原上巍峨耸立，成为人类飞向太空的标志。

苏联解体后，拜科努尔经受了几乎是毁灭性的打击。俄罗斯不再是发射场的主人，而哈萨克斯坦则对管理和利用这座宏大的宇航中心缺乏能力和热情。1993 年，哈俄两国就共同使用拜科努尔发射场达成共识，双方签署了关于确保该发射场作用的备忘录。1994 年 3 月，哈萨克斯坦将宇航中心租赁给俄罗斯使用，租期 20 年。俄哈双方都为保障基地运转做出了努力，但双方仍在基地设备的使用和维修、交纳租金及发展定位等方面存在不少纠纷。1996 年，由于俄哈未就基地供电问题达成一致，拜科努尔供电完全中断，工作和生活陷于瘫痪，基础设施受损严重，发射计划被迫停止。此事惊动了当时的俄罗斯政府总理切尔诺梅尔金，在他的过问下，供电问题才得以解决。2001 年 1 月俄哈又签订了新的协议，租用期延长到 2050 年，俄罗斯为使用拜科努尔航天发射场共需支付哈萨克斯坦 64.4 亿美元。俄罗斯虽然打算在西伯利亚修建新的航天发射场，但从各方面权衡，都不如使用已经营 50 年的拜科努尔发射场方便和合算，特别是这里的纬度相对较低，有巨大的经济价值。所以拜科努尔仍是俄罗斯向太空进军的最佳发射场，而且是美国航天飞机停飞后通往国际空间站的唯一门户，俄罗斯发射的航天器约 70% 在这里升空，而且近两年的载人太空飞行非它不行，拜科努尔在世界航天发射场中继续占据着绝对领先的地位。

知识链接 >>>

拜科努尔辉煌的背后，也有很多惨痛的回忆。1960 年 10 月 24 日，苏联第一枚 R-16 型洲际导弹点火失败，就在技术人员接近弹体检查时，导弹的第二级意外点火，造成 74 人殉职。这是世界航天史上最严重的一次伤亡事故。

人造卫星横空出世

1895年，苏联宇航先驱齐奥尔科夫斯基提出了发射人造地球卫星的可能性。1903年，他又提出了火箭飞行的理论和宇宙航行的前景并预言：人类的首颗卫星将属于俄国。50多年后，验证齐奥尔科夫斯基预言的时刻到来了！

第二次世界大战结束后，美国、苏联和英国等国家的科学家开始研究发射人造地球卫星的可能性。1948年，苏联科学家吉洪拉沃夫发表了借助火箭达到第一宇宙速度和制造地球卫星可行性的报告，1954年又提出了论证人造地球卫星的可行性和必要性的建议。他在《关于人造地球卫星的报告》中充分论证了利用两级

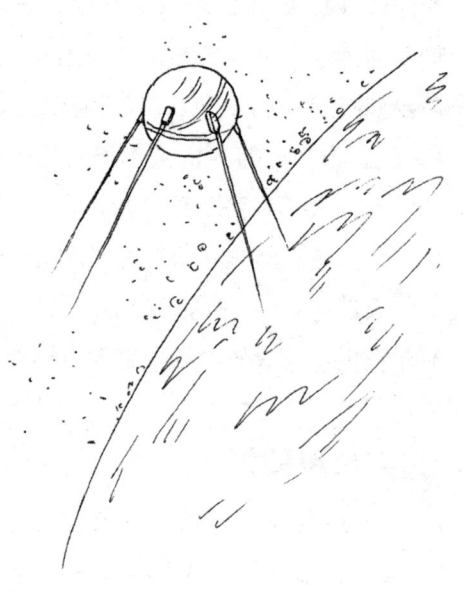

火箭达到第一宇宙速度并发射卫星的设想。当时，作为导弹总设计师的科罗廖夫对吉洪拉沃夫的建议和设想表示赞成和支持。

1954年夏天，国际无线电科学协会和国际地形学与地球物理联合会通过了在1957—1958年的国际地球物理年期间，发射一颗人造地球卫星的决

议，苏联和美国对决议表示支持。同一年，科罗廖夫致信苏联部长会议，正式提出研制第一颗人造地球卫星的建议。苏联政府于1956年1月30日做出了在1957—1958年间发射第一颗人造地球卫星的决定。就是那一年，科罗廖夫在《关于人造地球卫星初步设计报告的提纲》中写道："研制第一颗人造地球卫星，是人类走向宇宙道路上的重要一步。"

发射人造卫星的关键是要有推力强大的运载火箭，为此科罗廖夫采用了两条腿走路的方法：一边紧张研制Ｐ－7型洲际导弹，一边在它的基础上进行改装。可是，研制和改装工作都进行得很不顺利，直到1957年上半年才基本成功。在火箭研制工作紧张进行的同时，卫星研制小组在吉洪拉沃夫的率领下正积极进行卫星的研制。由于是人类历史上第一次研制人造卫星，吉洪拉沃夫等人遇到的困难和技术难题甚至比火箭研制中遇到的还多。

正当苏联的火箭和卫星专家为解决技术难题废寝忘食的时候，他们得到一个令人紧张的消息，美国正准备发射人造地球卫星。为了在太空竞赛中争得桂冠，体现社会主义制度的优越性，苏联政府决定无论如何要抢在美国之前发射第一颗人造地球卫星。万不得已，科罗廖夫和吉洪拉沃夫决定简化卫星的设计方案，并将卫星重量由1956年确定的1000—1400千克减小到83.6千克。经过夜以继日的努力，第一颗人造地球卫星于1957年6月24日制造完成。1957年8月，科罗廖夫和吉洪拉沃夫向苏联领导人汇报了卫星和火箭的研制进展情况，请求批准发射卫星。在经过多次讨论之后，苏共中央政治局基于扩大政治影响的考虑，决定将发射日期定在十月革命节前，准备以此纪念十月革命成功40周年。10月2日，苏联政府做出了历史性决定：10月4日发射第一颗人造地球卫星。

1957年10月4日，苏联拜科努尔发射场上，一群工程技术人员正忙着对一枚巨大的运载火箭进行发射前的各项准备工作，这就是由科罗廖夫设计的"卫星"号火箭。它全长29.2米、最大直径10.3米，起飞质量267吨，最大起飞推力4760千牛。在火箭顶端安装着有效载荷整流罩，里面装着的就是由吉洪拉沃夫设计的代号为PS－1的"斯普特尼克"1号卫星。它的本体是一只用铝合金做成的圆球，直径58厘米，重83.6公斤。圆球外面附

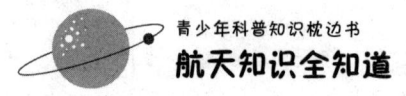

有4根鞭状弹簧天线。卫星内部装两台无线电发射机，每隔0.3秒向外发射信号。

"注意！准备加注推进剂！"很快，液氧像火车头一样冒出雾气，并沿着火箭箭体向上蔓延，很快把火箭包围了。"辅助发动机加压！""主发动机加压！""10、9、8、7……3、2、1、0，点火！"随着倒计时的结束，指挥控制中心发出了发射火箭的命令。

1957年10月4日莫斯科时间22时28分34秒，随着一声巨响，一团令人目眩的烈焰从火箭下部喷吐而出，翻卷起一片由尘土和烟雾形成的棕褐色烟云，旋即发射架上的"卫星"号运载火箭徐徐地离开地面，直冲夜空。几分钟后，"斯普特尼克"1号卫星从火箭上弹出并顺利进入地球轨道。当"星箭分离成功"的消息传来时，在基辅马林宫宽大的宴会厅里，一批苏联党政军的高级领导人正热烈地交谈着。这时，一个人走进大厅，附在苏联共产党中央委员会第一书记赫鲁晓夫的耳边说了些什么。赫鲁晓夫点点头，对在场的人说了一句"我马上回来"，然后就出去了。几分钟后，赫鲁晓夫笑容满面地回到大厅，他一言不发地在座位上坐下，目光扫视了一遍全场，然后喜形于色地说："我告诉大家一个令人高兴的重要消息，刚才科罗廖夫打来电话，"赫鲁晓夫脸上露出神秘的表情，"他是我国的火箭设计师。请注意，别提他的名字，这是秘密。这位科罗廖夫报告说，我国成功发射了一颗人造地球卫星。"在场的人们聚精会神地听着，但是很多人却无动于衷，因为其中很多人是第一次听说这种事，他们还不大明白什么是火箭和卫星。

赫鲁晓夫接着兴奋地说："美国人在全世界到处宣扬他们准备发射地球卫星，我们没有声张，可现在我们的卫星正在围绕着地球转。不是小玩意儿，是80千克重的大家伙。"这时，他的助手又进来报告说，电台正在广播卫星发出的信号。于是，有人打开了屋里的收音机，大家怀着好奇心倾听来自太空的若断若续的吱吱声。很快，苏联成功发射第一颗人造地球卫星的消息，经莫斯科广播电台传遍了全世界。世界各国的报纸、电台和电视台等媒体都争相报道了这一事件。"轰动本世纪的新闻""科技新纪元""苏联又领先了""俄国打开了通往宇宙的道路"等醒目标题纷纷出现在各国报刊的显要位置,文章大量采用了"划时代的举动""历史性的突破""人类的进步"等赞美之词。《人民日报》发表了题为"为苏联的伟大科学成就欢呼"的社论。《纽约时报》在头版刊登了彩色大字标题"苏联向太空发射地球卫星,卫星以每小时18000英里的速度绕地球飞行,环球轨迹四次越过美国上空"。

为了纪念人类进入宇宙的伟大时刻和事件,苏联在莫斯科列宁山上建立了一座纪念碑,碑顶安置着这颗人造地球卫星的复制品。

知识链接 >>>

"斯普特尼克"1号卫星进入环绕地球飞行轨道后,距离地面最远时为964.1公里,最近时为228.5公里,轨道与地球赤道平面的夹角为65°,96.2分钟绕地球一周。这颗人造地球卫星在天空中运行了92天,绕地球约1400圈,行程6000万公里,于1958年1月4日陨落。

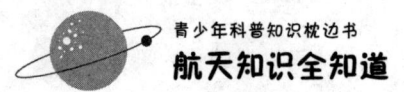

驶向太空的"火箭列车"

火箭的实质是一种无人驾驶的飞行器,也叫空间运载工具。它的任务就是把称为有效载荷的人造地球卫星、宇宙飞船、航天飞机、星际探测器等送入各自的空间轨道,去完成它们的使命。

科学家们在寻求建造作为天梯的火箭的过程中,发现单级火箭无论所用固体或液体燃料的性能多么好,按照现在的先进技术所能达到的最大速度大约为每秒4.5—6公里,这就是说,根本达不到把卫星送上地球轨道所需的每秒7.9公里的第一宇宙速度。那么,怎么解决这个难题呢?在现有条件

下,俄国科学家齐奥尔科夫斯基想出了一个绝妙的办法:建造被称为"火箭列车"的多级火箭,就是把两节以上的火箭串联或并联起来,组成一列多级火箭来提高火箭的速度,以达到摆脱地球引力的目的。

多级火箭系列是应用一种质量抛扔原理,即火箭发射后,把已经完成任务的无用结构抛掉,使火箭发动机的能量最大限度地用于提高航天器的

航天史上的重大事件

能量,从而间接地减轻火箭的结构质量,提高火箭的质量比。这样,在使用同样性能的火箭发动机和相同技术水平的箭体结构的条件下,用单级火箭无法达到的宇宙速度,而用多级火箭就能实现这个速度。

苏联著名航天总设计师科罗廖夫根据齐奥尔科夫斯基关于"火箭列车"的思想,首先提出用单级火箭串联和并联结合的方式组成多级火箭实现宇宙航行的设计方案。这个方案是用一枚较长的地球物理火箭作芯级,芯级长29.17米,直径2.95米,装一台液体火箭发动机;在其周围捆绑4台助推器组成助推级,助推级长19米,直径3米,各装一台液体发动机。这样把芯级和并联的助推级串联起来,组成一枚两级液体火箭,从而产生足够的推力和需要的速度,把安装在火箭最上面整流罩内的人造卫星送入地球轨道。这种火箭发射时,5台发动机同时点火,火箭飞行120秒后,4个捆绑的助推器工作完成与其脱离,并被抛掉,这时火箭飞行高度为50公里,飞行速度达到每秒3.2公里。然后芯级的火箭发动机继续工作180秒,使火箭加速到每秒8公里的速度,此时卫星与火箭脱离,被推进到环绕地球的预定轨道上飞行。

目前,世界各国研制的运载火箭已有数十种,大小不等,形状各异,但其结构形式基本上分为两类:一类是各级首尾联结的串联式火箭,另一类是下面两级并联、上面一级串联的混合式火箭。运载火箭的大小,由其飞行任务要求的有效载荷和飞行轨道而定。若飞行轨道相同,有效载荷愈重,则火箭起飞质量也愈大;若有效载荷不变,飞行轨道愈高,火箭的起飞质量也愈大。

由于卫星或飞船等航天器的轨道较高,本身质量也大,所以,运载火箭都是一些身高体重的庞然大物。它们的质量至少几十吨,一般为一百多吨到几百吨,有的甚至可达两三千吨。火箭高一般为三四十米,有的超过100米。火箭直径都在1米以上,一般为3米左右,最粗可到10米。在通常情况下,发射一颗质量为1吨的卫星,运载火箭质量为50—100吨。如美国"阿波罗"号飞船的质量只有41.5吨,而发射"阿波罗"号飞船的"土星"5号运载火箭,全长110.7米,直径10米,起飞质量为2840吨,这是

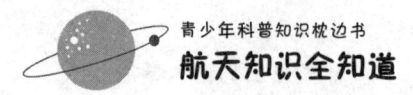

目前世界上最长的"火箭列车"了。

这种三级"火箭列车"是如何驶出地球到太空去的呢？它耸立在发射台上，首先由地面控制中心指令第一级火箭发动机点火，火箭徐徐上升，加速飞行，逐渐按预定方向转弯，100多秒钟后，火箭大约达到70公里左右的高度，第一级燃料耗尽后火箭发动机关机，并脱离整个火箭列车坠落地面；第二级接着点火，继续加速飞行，火箭飞出稠密大气层，达到预定高度和速度时，第二级燃料用完后火箭发动机关机并分离，火箭靠获得的能量开始惯性飞行；第三级火箭发动机点火工作，当加速到预定速度时，第三级火箭发动机关机，航天器与火箭分离，最后把航天器推入预定轨道。当然，运载火箭也不是级数越多越好，因为多加一级，不仅制造工艺和级间分离技术多一层困难，而且所能增加的速度也有一定限制，最多只能比单级火箭的速度提高70%。现在，一枚三级火箭能达到的速度已超过单级火箭速度的45%，因此限于各种因素的影响，"火箭列车"都选在二级至四级之间，一般用三级的居多。

从最初的单级火箭问世，到后来多级火箭的使用，经历了漫长的半个世纪，人类终于借助齐奥尔科夫斯基设想的"火箭列车"驶进了太空的大门。

知识链接 >>>

早期的运载火箭大多数由弹道式导弹改进而成，后来为适应不同航天发射任务的需要，科学家专门研制了系列化的运载火箭。许多运载火箭的第一级外围捆绑有火箭助推器。助推器可以是固体或液体火箭，其数量可根据运载能力的需要来选择。

"水星"计划

为了与苏联展开太空争霸战,美国宇航局于1958年秘密制定了一项野心勃勃的载人航天计划——"水星"计划。这个计划的主要目的是实现载人空间飞行的突破,把载一名宇航员的飞船送入地球轨道,飞行几圈后安全返回地面,并考察失重环境对人体的影响、人在失重环境中的工作能力等。重点是解决飞船的再入气动力学、热动力学和人为差错对以往从未遇到过的高加速度和零重力的影响等问题。

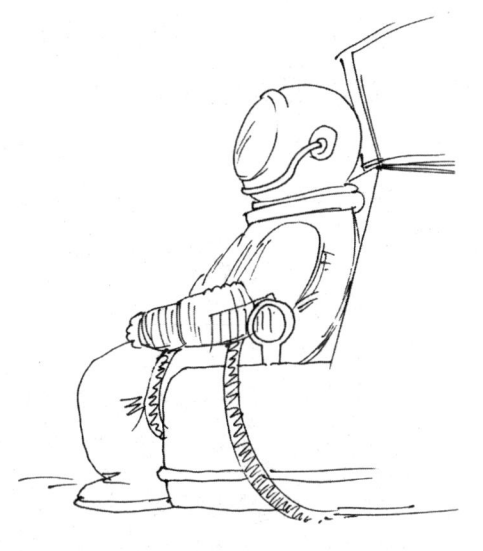

"水星"计划早期的实验并不顺利。1960年7月29日的第一次试验,随着一声轰鸣,"大力神"拔地而起,直冲云霄。60秒钟后,火箭几乎到达参观者的头顶上空,并渐渐地沿着巨大的弧线轨迹飞向天际。突然,一声巨响,火箭一下子粉身碎骨。还有两枚携带"水星"飞船的火箭,一枚自行爆炸,一枚由地面遥控引爆。但是,冯·布劳恩和他的同事们并未因此而泄气。他们认真地总结试验失败的教训,比较苏联火箭的长处,很快又研制出"水星—红石"1A

号火箭。这次试验终于获得了成功。按照冯·布劳恩的指令，在210公里的高空上，"水星—红石"1A号飞船在预定的时间里脱离了运载火箭，进入大气层。"水星"计划的大幕终于拉开来了。

就在"水星"号发射和回收取得成功的同时，18个经过严格挑选的大猩猩正在进行着进入太空的模拟训练，它们将成为征服太空的开路先锋。大猩猩是自然界中最接近于人类的高级动物，尤其是年轻的大猩猩，有着极强的模仿能力。在对18个大猩猩进行严格训练的过程中，一名叫哈姆的大猩猩表现特好，操纵机器的能力最强，在70分钟之内，它连续操纵7000次，误差只有28次。终于，哈姆登上了"水星—红石"2号火箭飞上了蓝天。那一天，哈姆紧握着操纵杆，充分施展出它在训练时学到的东西，使"水星—红石"2号飞船在太空中画了一个660多公里的大圆弧，安全地降落在预定的海面上。

"水星"计划取得了初步的成功。可就在这时，传来了加加林首次遨游太空成功的消息。为了与苏联人展开太空竞争，美国宇航局和布劳恩等专家决定立即进行载人航天飞行实验。但是，由于载人进入预定轨道飞行的时机尚不成熟，美国宇航局决定先进行像大炮炮弹那样做弹道飞行的亚轨道载人飞行试验，以完成载人轨道飞行前的实战学习。

在"水星"计划的早期，人们尚不清楚什么类型的人能够胜任宇航员的位置，曾考虑过的几种类型包括特技替身演员、马戏团演员、游泳运动员和赛车手。艾森豪威尔总统曾做出决定，认为宇航员应该是军事飞行员，特别是试飞员。此外，他们应该接受过大学教育、已建立了家庭、中等身高和体格，健康状况极好并且热衷于驾驶先进的飞行器。于是，美国宇航局的官员们开始筛选军事飞行员的服役记录，他们把范围缩小到了110人，这些飞行员分别来自海军陆战队、海军和空军。110名飞行员当中有69人参加了筛选测试，最终有32人被选中并同意接受在俄亥俄州和新墨西哥州进行的进一步测试。他们大多是第二次世界大战和朝鲜战争的老兵，有丰富的飞行经验并且健康状况极好。被选中以后，宇航员们又经过了几年的培训，包括在水星飞船系统中的训练以及飞行训练、连续的医疗评估和各种环境下的生存训练。他们刻苦地练习并忍受着和家人长时间分离的痛苦,每个人都想在竞争中努力成为第一个进入太空的美国人。最终,经过数年的准备,初次飞行的安排被确定下来:谢泼德将是第一个进入太空的美国人。

1961年5月5日,谢泼德身着臃肿的宇航服,在亿万双目光的关注下,钻进了"水星"飞船系列的"自由"7号,成为美国第一位进入太空飞行的宇航员。这次飞行非常顺利,全部飞行时间总共是15分22秒,其中失重状态5分4秒,飞行距离约480公里,飞行高度186公里。虽然这次飞行并未进入卫星轨道,但却是美国第一次把宇航员送入了太空,它证明"水星"飞船的构造和性能已经达到设计要求,完全可以承担起载人轨道飞行的使命。

1962年初,美国宇航局宣布,不久就要进行第一次载人轨道飞行的试验。这是"水星"计划最高潮的一幕。宇航员格伦被挑选为人类轨道飞行的第一人。

1962年2月20日,"水星—大力神"火箭狂吼着冲向了太空,准确地将"友谊"7号飞船送入了绕地球飞行的轨道。此时,格伦的心情激动不已,他正站在一个常人无可企及的位置上,观察着星辰的面貌、地球的容颜和日落的壮观……忽然,格伦发现飞船出现向西甩的现象,虽然能很快地自动纠正,但每次纠正都要消耗大量的燃料。格伦很快判断出是驾驶器出了毛病,没有办法,只得改由人力操纵飞行。预定计划中的两顿饭只好放弃了,预备拍的照片也大大地减少了,许多预定的观测工作也不得不停止。一波未平,一波又起。"水星"计划控制中心的测航仪器忽然发出了警报:"友谊"7号头部的隔热层壳体松脱,变成半开状态。这是一个十分危险的故障。如果这个隔热层壳体在飞船进入大气层之前或进入大气层时全部脱落,那么飞船和空气间的巨大摩擦所产生的高温,就会把整个飞船熔化掉。这一不幸的消息,使得地面控制中心的工作人员焦急万分,他们立即投入到紧张的研究之中,试图找出挽救的办法。此刻的格伦,正全神贯注地在太空做着各种试验和观测,而对于就要发生在眼前的危险却全然不知。"保

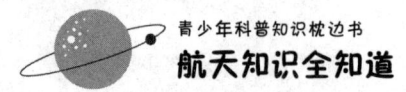

留反射火箭箭座。"来自地面指控中心的指令把陶醉于试验之中的格伦一下子惊醒了过来。"这莫非是一个反常的指令?"他感到事情有些不好。"请解释一下指令。"格伦向地面询问。"请速发射反射火箭,切记保留箭座,否则隔热层壳体将会脱落,并速速返回。"从地面上传来了谢泼德焦急的声音。格伦一切都明白了,但他却表现得极其冷静和镇定。他开始集中精力,严格按照地面控制中心的指令执行。地面专家们的判断正确,他们提出的方案发挥了重要作用。当飞船头部的反射火箭射出之后,由于保留了位于飞船头部中心的火箭底座,使箭座上的三条箍子箍住了隔热层壳体。随着大西洋一根水柱的激飞,格伦安全地回到了地球的怀抱。显示屏上清楚地显示,轨道飞行绕地球三圈,历时4小时55分23秒。当格伦被人们从船舱里救护出来时,在场的人们一下子狂欢起来,欢呼之声响彻云霄。

"水星"计划结束于1963年5月,共完成25次飞行试验,其中包括4次动物飞行,2次载人弹道飞行,4次载人轨道飞行,耗资约4亿美元。这一计划的实现为美国在太空竞赛中确定了立足点,并为以后的"双子星座"计划和"阿波罗"计划铺平了道路。

知识链接 >>>

担负"水星"计划的水星飞船总长约2.9米,底部最大直径1.86米,重1.3—1.8吨,由圆台形座舱和圆柱形伞舱组成。座舱内只能坐一名宇航员,设计最长飞行时间为2天,飞行时间最长的一次为34小时20分,绕地球22周。

航天史上的重大事件

"双子星座"计划

"双子星座"计划是美国继"水星"计划之后,采取循序渐进的方式登陆月球的第二步。它的目的就是在"水星"计划的基础上,进一步为载人登月服务。就在苏联宇航员列昂诺夫第一次实现太空行走之后不久,美国宇航员怀特也走出"双子星座"4号飞船的密封舱,在太空行走了20分钟。列昂诺夫、怀特的太空行走,证明了人能够在真空、超低温、没有重力、充满宇宙射线和流星的十分危险的太空环境中停留、活动,并且不会丧失思维和工作能力。这为人类进一步挺进月球带来了喜讯。

从1965年3月到1966年11月,"双子星座"计划共进行了10次载人飞行。1965年6月3日,"双子星座"4号飞船发射,进行"双子星座"计划的第二次载人飞行。这次飞行任务由宇航员怀特和麦克迪维特承担,飞行时间增加到5天。在绕轨道第三圈时,怀特按预定计划在夏威夷上空打开舱门,进入了开放空间。他身上连了一根长索,利用小型机动系统,最远时离飞船3米左右,除身体有些旋转外,一切均正常。他手里拿

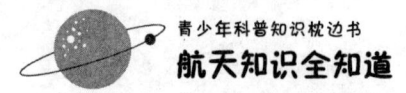

着一支宇宙枪,不过枪里发出的不是子弹,而是高压气体,它产生的反作用力可以帮助宇航员调整位置。他通过无线电耳机话筒与驾驶飞船的人聊天,不时地靠宇宙枪从这里移到那里。此次飞行,他们还进行了科学和技术实验,医学测试,利用弹力器来维持肌肉的弹性,而且拍摄了许多舱外活动和地球大气的照片。由于飞船上的计算机失灵,原定飞行121圈的任务没有完成,只飞行62圈,就于1965年6月7日返回地面。

"双子星座"计划的一个重要任务是实现轨道会合和对接。1965年12月4日和12月15日"双子星座"7号和"双子星座"6号分别进入太空,实现了太空会合,在间距只有40米的情况下持续飞行了7个多小时,最近时只有0.3米。而后"双子星座"8号和"双子星座"9号的飞行任务都是与"阿金纳"火箭实现对接,但都未能实现。

1966年7月18日"双子星座"10号飞船载着约翰·杨和科林斯进入轨道,实现了与"阿金纳"3号的对接任务,完成了登月计划的关键技术。接着"双子星座"11号和"双子星座"12号飞船又分别实现了两次对接任务。至此"双子星座"计划圆满地实现了预定目标。

"双子星座"计划作为一项既是过渡性又是独立性的计划,取得了许多开创性的成就,也为"阿波罗"登月计划提供了极其宝贵的经验和科学技术成果。整个飞行期间,宇航员共进行了52项试验,在不同高度上拍摄了1400张地球的彩色照片,全面地研究了人在太空中长期工作和生活的情况,为航天技术人员及地面机组人员提供了发射火箭所需的大量的实践活动。到"双子星座"12号飞行结束时,美国宇航员已经有了2000小时的太空飞行记录,而此时苏联的飞行时数只有500多小时,美国至此开始领先于苏联。

知识链接 >>>

1966年,执行"双子星座"4号任务的驾驶员怀特被选为第一次"阿波罗"计划飞行任务的指令舱驾驶员。不幸的是,计划中将于1967年2月发射的"阿波罗"1号于1月27日进行一次例行测试时,指令舱突然发生了大火,怀特与其他两名宇航员不幸遇难。

航天史上的重大事件

"阿波罗"登月计划

苏联于1957年抢先发射世界上第一颗人造地球卫星之后,又于1961年把人类第一名航天使者送上地球轨道。苏联在航天领域屡拿金牌,遥遥领先,大大刺激了技术力量雄厚的美国。为了打破苏联的航天优势,1961年,美国总统肯尼迪批准了美国宇航局的登月计划,并在国会上大胆地提出了在1970年以前先于苏联将人送上月球的任务。肯尼迪以一种历届美国总统都没有的坦率态度警告美国人民,除非他们具有跑完全程的毅力,否则就不要接受这项任务。这项任务就是后来以希腊神话中的太阳神的名字命名的"阿波罗"登月计划。

其实"阿波罗"计划早在1957年便开始设想。1960年左右曾认为登月的途径无外乎两种:一种是"直接登上月球",一种是从地球轨道发射站上发射。后来一个名叫霍博尔特的工程师提出了一个全然不同的月球轨道会合方案,就是母船停留在月球轨道上,用一艘比较小的航天飞船从月球轨

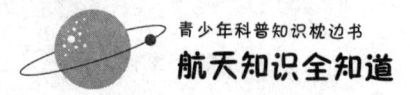

道上下降到月球上，完成探险任务之后再回到月球轨道上与母船会合对接，返回地球。经过一场激烈的内部大争论之后，霍博尔特的设想被采纳了。这一技术途径使"阿波罗"的登月着陆计划的实现至少提前了两年。

为研制大型运载火箭，著名的火箭专家布劳恩及其4人小组划归美国宇航局。政府同时为"土星"5号火箭的研制经费拨款1.4亿美元。在最初的登月舱设计中，在每位宇航员座椅前方的舱壁上各安排了两个窗口。较大的一个舷窗口与宇航员的眼睛齐平。因宇航员是坐着的，窗口距宇航员的眼睛的距离为60厘米。较小的一个舷窗口靠近宇航员的膝盖。这样的设计很不理想。首先，由于舷窗的总面积过大，暴露的阳光太多，而缩小面积又会影响宇航员的视野；其次，由于窗口离宇航员的眼睛较远，视野非常有限，给月球着陆过程中宇航员对着陆地点情况的观察造成了极大的困难。此外，因为窗口大，重量也大，侵占了其他设备的重量。为了找到一个使窗口缩小、重量减轻、视野又好的合理的设计方案，设计师们绞尽脑汁，并经常为此争论不休。一天，航天局的一名工程师发牢骚说，登月舱从与服务舱、指挥舱分离到在月面上着陆总共只有1小时，甚至更短，为什么非得让宇航员坐着，站着难道不行吗？！"站着？"是的，站着！一句牢骚话为设计师们打开了思路。一个合理的新方案由此产生了。宇航员站着，可以使眼睛靠近窗口向外观察，视野大大地扩展了。在这种条件下窗口可以设计得很小，从而也减轻了重量。真是踏破铁鞋无觅处，得来全不费工夫！

要实现首次载人登月，面临一系列的问题和困难。而首先要求回答的问题是，月球表面到底是什么样子？飞行器能在那里安全着陆吗？它能承受飞船和宇航员的质量而不使之陷入尘埃吗？最佳的降落着陆点应选在哪里？为了侦察月球上的情况，美国在1961—1967年间发射了一系列的自动月球探测器。其中包括9个"徘徊者"探测器，7个"勘察者"探测器和5个月球轨道飞行器。3个型号的月球探测无人飞行器，先后对月球表面进行了大量拍摄、取回了月球土壤和岩石标本，考察了月球表面的坚实程度，并对适宜的着陆地点进行了反复的选择和测绘。到1967年年底，美国宇航

局将有希望的登月地点筛选并剔剩到"静海""风暴海"等5处。

"阿波罗"号飞船主要由救生系统、指挥舱、发动机舱和登月舱组成。指挥舱是飞船的主体,是飞船的控制中心,也是整个飞船唯一返回地球的部分。在该舱的头部装有在地球上着陆的系统、反作用系统发动机、天线、救生系统和正面闸门;在舱的后部有反作用操纵系统发动机和燃料箱,作为宇航员工作和休息的主要舱室,这里还有通信、导航、控制计算机和显示仪器。救生系统飞船在发射阶段的60公里以下的脱险装置,一般是在飞船上升到80公里后将其抛掉。发动机舱内装有环境控制系统、推动系统、电源、通信、制导、姿态控制和变轨发动机设备。登月舱分为下降段和上升段两个结构,分别用来将2名宇航员降落到月球表面上和送回等候在月球轨道上的母船上。在指挥舱和登月舱之间有一个连接隧道,供宇航员过渡用。

"阿波罗"计划中要求最高的是可靠性问题。过去的飞行都是在地球轨道上,飞行中出现故障可以在几分钟内应急返回,然而"阿波罗"号要飞到离地球38万公里的月球上去,一旦出现故障需3天的时间方能返回地球。在极其恶劣的宇宙环境条件下,这么长的时间意味着什么是显而易见的。因此,只能要求各方面严格把关,做到万无一失。为此除了在地面对所有元部件进行反复严格的考验外,在登月前又进行了一系列飞行试验,包括6次无人亚轨道和地球轨道飞行试验,1次载人地球轨道飞行试验和3次载人月球轨道试验。

为宇航员登月而研制的航天服每件价值30万美元。白色的服装和背包生保系统、应急氧储备及天线装置,共重93公斤。服装由16层材料组成,可以保温、防微陨石袭击。服装内有冷却和供氧系统,以维持宇航员生命。胸部有一组用于操纵和检测背包系统的控制盘。背包里有供给宇航员氧气、冷却服装循环的水、小型无线电发报机和一个氧气净化装置。头盔通过一个金属卡圈与服装颈部相连接,头盔有两层面罩,可以保护宇航员眼睛不受紫外线、红外线和流星微粒的伤害。头盔外壳由一种很结实而且轻巧的聚碳酸盐类材料制成。在头盔下是带有两套耳机和送话器的小帽。加压手

套有一个特殊纤维做的外壳,内层是绝热材料,以防在工作中同热物体或冷物体接触时手受伤。手套的指端由硅有机橡胶制成,可提高宇航员手指的敏感性。套靴由 21 层绝热材料做成。在指挥舱内宇航员可不穿航天服而只着贴身的"衬衣"。它是由上衣和裤子组成的轻便的特氟纶飞行服,保暖性能良好,衣袋里存放着宇航员的必用品。

1969 年 5 月 18 日,"阿波罗"10 号飞船把 3 名宇航员载到环绕月球的轨道,试验了指令舱和登月舱的分离、对接,并探测了月球上的静海登月点,进行载人登月前的一次预演。5 月 26 日,3 名宇航员平安返回地球。这样,一切准备就绪,登月的时机完全成熟了。1969 年 7 月 16 日,高 110.6 米、重 2930 吨的"土星"5 号火箭,载着"阿波罗"11 号飞船升空,开始了人类首次登月的太空征程。美国宇航员阿姆斯特朗、奥尔德林、柯林斯驾驶着"阿波罗"11 号宇宙飞船跨过 38 万公里的征程,承载着全人类的梦想踏上了月球表面。这确实是一个人的小小一步,但却是整个人类迈出的伟大一步。他们见证了从地球到月球梦想的实现,这一步跨过了 5000 年的时光。

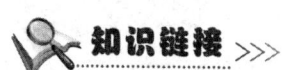

"阿波罗"计划是世界航天史上具有划时代意义的一项成就。整个工程完成了 6 次登月,共有 12 名宇航员成功登月。该工程历时约 11 年,耗资 255 亿美元。在工程高峰时期,参与工程的有 2 万家企业、200 多所大学和 80 多个科研机构,总人数超过 30 万人。

"月球"9号首闯月宫

1958年8月17日,美国第一个发射了月球探测器——"先驱者"0号,但它在发射台上就爆炸了。一个多月后,苏联的第一次尝试也以失败告终。1959年1月2日,苏联的"月球"1号终于发射成功。此后的十多年时间里,苏联共发射24个"月球"号探测器,经历了飞越、硬着陆、环绕、软着陆和取样返回等探测阶段。其中,"月球"9号是第一颗在月球上成功实现软着陆的月球探测器。

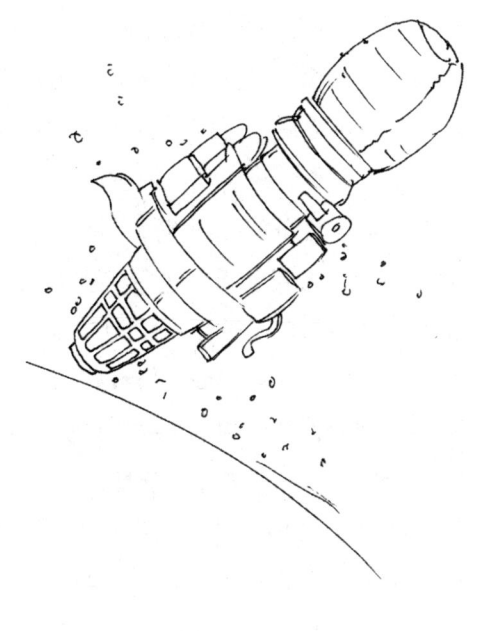

月面软着陆是探月工程中最难解决的技术问题之一。所谓"软着陆"是指航天器在降落过程中,逐渐降低降落速度,最后不受损坏地降落到地面或其他星体表面上。在20世纪60年代,要准确控制软着陆的过程是极具挑战性的。1963—1965年,苏联先后进行了12次软着陆尝试,但均以失败告终,其中有5次飞临月球,苏联依次把它们命名为"月球"4号至"月球"8号。这5颗着陆器中的3颗撞毁在月球上，2颗与月球擦肩而过。1965年5月升空的"月球"5号，在准备降落的最后阶段，制动火箭没能启动，地面控制室里的科学家们听着它发出的信号，无奈地任它以极大的速度撞进月球。据说，德国的一个天文台看到撞击扬起的月壤形成了长225公里、宽85公里的尘云。接踵而至的是不幸的"月球"6号，它在奔向月球的途中完成轨道修正后，没有按预定程序关闭修正轨道的发动机，最终与月球失之交臂，进入了日心轨道。重蹈覆辙的"月球"7号起初准确无误地完成了所有步骤，但最后阶段因制动火箭点火过早，推进剂提前消耗殆尽，探测器过早失去制动力而撞毁在月球的风暴海中。两个月后发射的"月球"8号与"月球"7号正好相反，制动火箭启动太迟，"月球"8号尚未降低到安全着陆速度就摔在月面上，再一次上演与月球相撞的悲剧。

1966年1月31日，"月球"9号满载着希望启程。伴随着震耳欲聋的轰鸣声，"闪电"号运载火箭将"月球"9号送入200公里左右的地球停泊轨道。不久后经"闪电"号火箭第三级加速，"月球"9号进入地月转移轨道。三天半之后，"月球"9号临近月球，在大约距离月球8300公里时，进行了姿态调整，将制动火箭发动机对准月球表面，然后启动着陆系统程序。在距离月球表面75公里时，"月球"9号抛掉2个设备舱，随即启动制动火箭发动机，为安全着陆进行"刹车"，从2600米/秒的高速逐渐降低下降速度，同时从底部伸出一根用来确定关闭发动机时机的5米长探针。在探针触到月球表面的瞬间，"月球"9号迅速关闭发动机，并抛出位于顶部的卵形着陆舱，最终以5.5—6.0米/秒的速度撞到月球表面上。带有缓冲装置的着陆舱像一个笨拙的玩具，在月球表面弹起又落下。

着陆后250秒，"月球"9号向地球发送信号并打开了顶部的4片花瓣。这4片花瓣除了可以稳定住登月舱外，还可以与4根75厘米长的鞭形天线一起组成通信系统。之后，由固定镜头和旋转镜头组成的电视摄像机组件开始拍摄着陆区附近的黑白照片。因为此时的太阳才刚刚从月球上的地平线升起，所以开始时的几张照片拍得很不理想。15分钟后拍下的第一张黑白照片在8个多小时后终于分7次被传回到了地球。

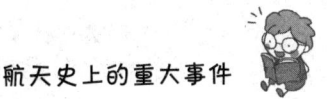
航天史上的重大事件

苏联通过对"月球"9号传回的数据分析而得出结论：月球表面是坚固的，人类完全可以降落在月球上。

知识链接 >>>

月球是地球的卫星，而围绕月球的人造天体，有的人把它叫作孙卫星。继"月球"9号在月球表面软着陆成功以后，苏联的"月球"10号于1966年4月进入轨道，成为历史上第一颗孙卫星。

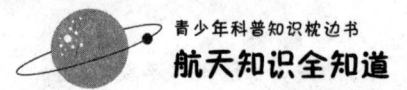

人类首次登月之旅

1969年,美国在做了一系列准备之后,决定让"阿波罗"11号飞船承担首次载人登月任务。为了这次飞行任务的顺利完成,美国宇航局从50名现役宇航员中挑选了三名最棒的宇航员——阿姆斯特朗、奥尔德林和柯林斯。这三位宇航员奔月启程的日子被定在了1969年7月16日。

1969年7月16日早晨5点半,当三位即将登月的宇航员身穿航天服出现在发射场时,成千上万的人从四面八方赶到肯尼迪发射场观看这次轰动全球的登月发射。特邀客人包括美国国会成员、外国大使和各国的新闻记者。中午12点32分,随着"点火"一声令下,一团浓烈的烟雾从火箭尾部的平台下喷涌而出,接着从发动机内喷射出闪耀刺目的火舌。3817吨重的飞行器努力克服地心引力腾空而起,穿云拨雾作弧形直冲九霄外。此时,尼克松总统在华盛顿也坐在电视机旁观看这一壮丽又令人惊异的场景。随后他宣布,4天之后为月球探险全国庆祝日,并放假一天。

航天史上的重大事件

7月19日正午,飞船进入月球轨道。在绕月飞行的第十三圈,飞船开始降落程序。当发动机点火时,阿姆斯特朗的心率从每分钟77次一下子升到111次/分钟。当两名宇航员迫近目标时,他们突然发现一个骇人的危险:预定的着陆点竟是一个大坑,里面散布着巨石。阿姆斯特朗马上抓住操纵杆,花了大约19秒钟驾驶着登月舱避开大坑并安全着陆在离预定着陆点4英里远的地方。此时阿姆斯特朗的心率是156次/分钟。如果这次飞船不是有人驾驶,而是一艘无人驾驶的自动飞行器,那么很可能就会像苏联的"月球"15号一样坠毁了。不同的结局充分表明载人航天的优越性。着陆之后,宇航员立刻对舱内系统进行检查,以便在发现威胁他们安全的隐患时迅速从月球起飞,紧急返回地球。1969年7月20日晚上10时56分,阿姆斯特朗身背救生背包走下登月舱的扶梯,在月球土壤上印下了人类第一个脚印。这时他说了一句极富哲理又非常著名的话:"对一个人来说这只是一小步,但对整个人类来说,这是跨出了一大步。"18分钟后,奥尔德林也踏上了月面。

人类终于和月球接触了!对探险家来说这是许多世纪以来梦寐以求、悠然神往的幻想的实现,而对科学家来说这是了解月球和地球的起源与性质的最好机会。宇航员开始在1/6地心引力条件下小心翼翼地在月球表面上行走,样子好像梦游者,蹒跚而行。后来他们渐渐放大了胆子,而且发现以比较长的弹跳步伐前进是一种较好的前进方式。于是他们就像袋鼠般跳跃。

人们通常用最美好的语言赞美月亮,说她洁白如玉,温柔安详。然而亲临其境的宇航员所看到的却是一种广大、寂寞和贫瘠的景象。这里既没有嫦娥白兔,也没有吴刚桂树。到处是粗石、细沙、高地、坑穴、断层、幽谷,千疮百孔、满目瘢疤。这里单调死寂,没有空气,也没有生命。月球上没有空气,这也造成了奇特的效果。因为没有空气传导声波,宇航员除了无线电话机上的讲话声、噼啪声以及自己的呼吸声和动作发出的响声外,什么也听不到。月球上的天空没有颜色,黑色天空中的星光比从地球上看见的要亮得多,而且不闪烁。

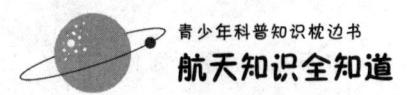

由于没有空气调节，月球表面上的温度在白天高于地球上的沸点温度，而在夜晚则冷到能使寒暑表里的水银冻结。因为月球自转较慢，月球上的白天和夜间大约是地球上相应时间的2倍。没有了空气的阻挡，月球表面上的辐射剂量要比地球上大得多。两名宇航员在月球表面上一共行走了两个多小时，在此期间他们还安放了科学仪器，收集了月球土壤和岩石的样品，在月面上插了一面美国国旗。预定计划完成之后，他们乘登月舱起飞上升，与始终在指挥舱内等待他们的柯林斯会合。

"阿波罗"11号及与之相依为命的航天勇士们经过8天3小时17分22秒的远航之后，顺利返回地球，溅落在太平洋上。为了打捞他们，美国派出了将近7000名海军人员、9艘船只、54架飞机。甚至连尼克松总统都亲自来到主打捞舰"大黄蜂"号上迎接美国人的骄子和勇士们。

"阿波罗"11号以高度的精确性进行了首次载人登月着陆。所有系统性能良好，工作准确无误，几乎达到了尽善尽美的程度。人类首次伟大的登月探险，圆满成功了！许多国家为庆祝第一次载人登月都发行了纪念邮票或纪念币，而每年的7月20日也成了"人类月球日"。

知识链接 >>>

人类对月球的探索仍未止步，目前美国提出"重返月球"计划，特别是许多科学家提出建立月球基地的设想后，再次登月和开发月球资源的活动变得更加迫切。从20世纪90年代开始，美国一直在发射月球探测器，争取为早日返月做准备。

太空握手

人类进入航天时代不久，美国和苏联就开始了太空领域的早期合作。1972年4月5日，两国专家达成了太空合作的17点协议。至此，美苏两国首脑和专家实现了"地球上的握手"，为3年后两国宇航员在太空实现"轨道上的握手"奠定了基础。

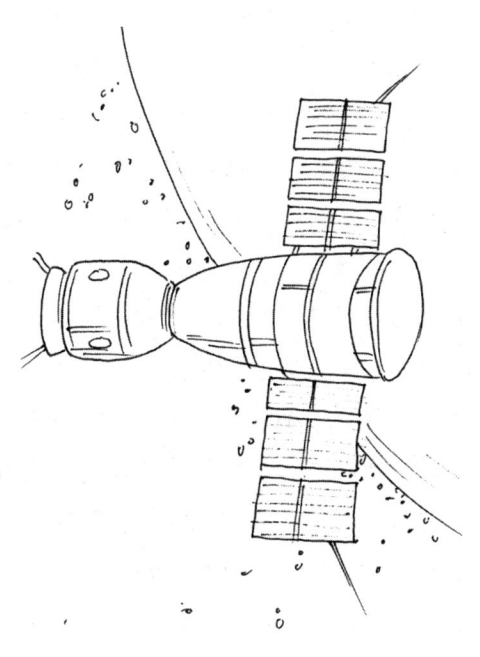

握手是人类见面或分别时的一种礼节性举动。人们在地面上握手非常简单，只要彼此把手伸向对方，然后握在一起就行了，可是要想让两艘宇宙飞船在太空"握手"就不那么容易了，而要实现美苏两国飞船的"握手"更是难上加难，因为两个国家的载人航天技术在其发展过程中不仅高度保密，而且各行其是，没有一个统一的标准，这给飞船联合飞行带来很大障碍。为了排除这些障碍，在1972年5月到1975年7月，两国专家先后会见20多次，共同进行了11项试验，先后解决了两种飞船5个方面的相容性问题。

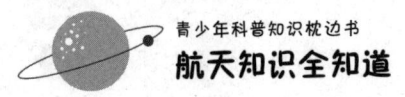

为使飞船对接，首先必须使它们能够在太空中彼此找到对方，并测出相互间的距离。虽然"联盟"号和"阿波罗"号飞船的测距与交会装置原理相同，但它们的特点和操作方法却存在很大差别。为了节省时间，专家们没有重新研制这种系统，而是让"阿波罗"号飞船保持不变，仅修改了"联盟"号飞船的设计。由于"联盟"号飞船的光学特性不符合"阿波罗"号飞船的要求，必须把它的外表变成乳白色，但是这样将打乱飞船内部的温度条件，最后专家们决定把"联盟"号漆成部分白色加部分绿色，同时还在"联盟"号装上了白色闪光灯。经过这样的改动后，"阿波罗"号飞船的宇航员能够比较容易地发现"联盟"号飞船。

专家们需要解决的第二个问题是对接装置的相容性问题。为了研制一种新的对接装置，美苏两国专家们分别举行了10次会议，最后采纳了苏联专家提出的环—瓣结构。对美国来说，这种结构好是好，但必须对"阿波罗"号飞船进行"伤筋动骨"的修改。为了避免花费时间和金钱再进行大量试验，美国专家特地制造了一套专门用于对接的密封过渡舱。它的一端采用美国原有的对接形式，与"阿波罗"号飞船指令舱顶端连在一起；另一端采用新的环—瓣结构，用于与"联盟"号飞船对接。

对接密封过渡舱的研制成功，同时解决了令专家们头痛的另一个问题。长期以来，为了保障宇航员的生命，"联盟"号座舱一直充填氮氧混合气体，而美国充填的却是纯氧气体。有了密封过渡舱，生命保障系统的相容性问题得到了解决。为了不让宇航员从"联盟"号进入"阿波罗"号飞船前在过渡舱待太长时间，苏联专家克服了技术上的许多困难，特地使"联盟"号的气压降低了1/3。苏联的这一友好合作的举动，不仅使美国专家简化了对接装置，节约了制造费用，还为两国宇航员的互访提供了更多时间。除此之外，还先后解决了通信和飞行控制、组织机构和飞行程序诸多相容性问题，并完成了6次共计700小时的宇航员训练以及6次飞行控制人员的训练。

参与"太空握手"的两艘飞船分别命名为"阿波罗"18号和"联盟"19号飞船。1975年7月15日，苏联拜科努尔发射场迎来了繁忙的一天。格林

航天史上的重大事件

尼治时间12时20分,一枚巨大的"联盟"号火箭载着"联盟"19号飞船从发射台上腾空而起。与以往进行的许多次发射不同,苏联电视台对这次发射进行了现场直播,有一亿多苏联人从电视屏幕上看到了"联盟"号火箭喷着烈焰和浓烟拔地而起的情景。另外,美国驻苏联大使和美国宇航局副局长还被允许在发射场地观看这次特殊的太空飞行。

"联盟"19号升空7个半小时以后,一枚美国的"土星"1B型火箭从肯尼迪航天中心将"阿波罗"18号飞船送入太空。在此后两天多的时间里,"联盟"19号和"阿波罗"18号两艘飞船,按照联合飞行文件规定的程序正常飞行,等待对接时刻的到来。

经过51小时49分钟的飞行后,"阿波罗"18号和"联盟"19号在漆黑的太空中缓缓驶向对方,最后成功地实现了对接,像两只大手一样紧紧地握在一起。接着,两国宇航员开始互访。当对接过渡舱的舱门一打开,两位飞船指令长——列昂诺夫和斯坦福德的手就热烈地握在一起。列昂诺夫用英语对斯坦福德说:"很高兴见到您。"全世界的电视观众都兴奋地看到了这一具有历史意义的画面。

在第一次历时10个小时的互访中,两国宇航员相互交换了国旗,并收到了苏联领导人勃列日涅夫发来的贺电。7月18日,即第一次互访后的第二天,两国宇航员开始第二次互访。当飞船飞经苏联伏尔加格勒上空时,苏联宇航员库巴索夫面对电视摄像机,向美国宇航员布兰德回顾了第二次世界大战期间,苏联红军在这里与德国法西斯进行的战斗。互访快结束时,斯坦福德向苏联观众转达了美国人民的良好祝愿。此后,两国宇航员又进行了两次互访,他们像一个友好大家庭的成员一样,一起进行科学实验,一起表演电视节目,一起回答两国新闻记者们提出的问题。两国宇航员联合进行的科学实验共有5项,包括人造日食实验、带状菌生物节律实验、微生物交换实验和紫外线吸收实验。经过6天飞行后,"阿波罗"18号和"联盟"19号飞船彼此松开了紧握在一起的"手",带着32项令人满意的科学实验结果满载而归。

美苏两国这次"太空握手"缓和了长期以来两国间你争我夺的太空竞

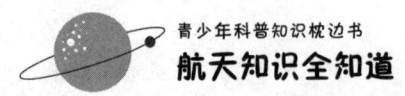

赛，得到了全世界的赞誉。20年后，1995年6月29日至7月4日，美国"亚特兰蒂斯"号航天飞机进入轨道开始追逐俄罗斯"和平"号空间站，经过41个小时飞行进入对接距离之内。当距离缩短到82米时，"亚特兰蒂斯"号驾驶员操纵航天飞机以3厘米/秒的速度慢慢靠近"和平"号空间站的对接处，不久，这两个以相对于地面2.8万公里/小时速度运行的航天器对接成功。这次"太空握手"与20年前相比，规模大、时间长，而且合作的项目更多。它促进了国际航天站的建立，推动了航天技术的发展。

知识链接 >>>

航天器对接是指受控航天器通过对接装置与另一航天器相互接触，并通过对接装置将二者连接为一个整体的过程。人们掌握了这项技术，就可以把巨大而沉重的物体分批送入太空，再组装起来，像搭积木一样把一个个的舱体组合成一个大的整体。这是完成航天站、航天飞机、太空平台和空间运输系统的太空装配、回收、补给、维修、宇航员交换及营救等任务的先决条件。

运载火箭之王

为实现载人登月,苏联从20世纪50年代末就开始研制Н-1重型运载火箭,但在研制过程中屡遭挫折。1974年5月,苏联停止执行Н-1火箭计划,开始了"能源"号火箭的研制。

"能源"号火箭长约60米,总重2400吨,起飞推力3500吨,能把100吨的有效载荷送入近地轨道。如果加上第三级火箭,则可把18吨的有效载荷送入地球静止轨道。它的运载能力比美国航天飞机还大4倍,堪称世界运载火箭之王。

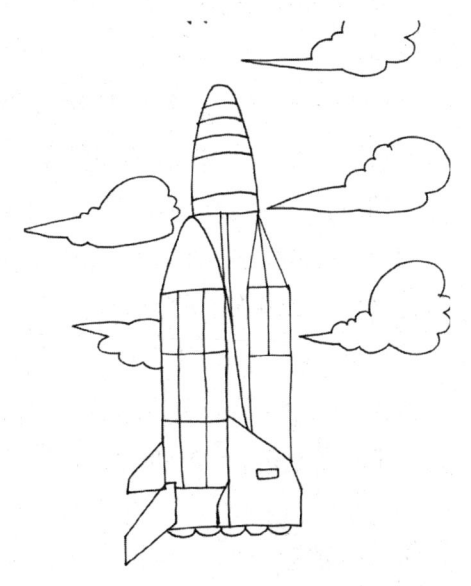

"能源"号火箭继续沿用了苏联大型运载火箭自20世纪50年代后期以来广泛采用的横向捆绑助推器的结构形式,由两级组成。第一级是助推级,第二级是芯级。助推级由4个相同的助推器构成,每个助推器长32米,直径4米,质量约为375吨。助推器由液氧箱、箱间段、煤油箱和尾段组成。尾段内装设一台4个燃烧室的发动机,由一个配置在4个燃烧室之间的涡轮泵同时向4个燃烧室输送推进剂;芯级是苏联第一个采用

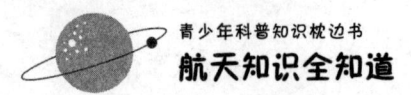

液氧液氢火箭发动机的火箭级，长60米，直径8米，总质量约为800吨。推进剂约700吨，其中液氢100吨，液氧600吨。芯级上部是液氢箱和液氧箱，液氢箱长约40米，底部装有4台单燃烧室的液体火箭发动机。

与苏联以往的运载火箭相比，"能源"号的有效载荷并不配置在火箭的头部，而是安装在芯级的一侧。另外，"能源"号火箭并不直接将有效载荷运送入轨，而仅将其加速到亚轨道速度，在预定的轨道高度与有效载荷分离。有效载荷在分离后尚需依靠自身的发动机提供推力，加速飞行，直至进入所要求的轨道。由于"能源"号并不直接将有效载荷运送入轨，因此除轨道飞行器外，其他有效载荷都装在火箭旁侧的大型通用货舱内。货舱配有自己的推进系统。货舱长42米，直径6.7米，内部有效容积达1000立方米，净质量约15吨。

"能源"号发射时，第一、二级发动机同时点火，到达64公里高空时，火箭助推器工作完成后，可由地面控制成对地脱离芯级火箭回收，经修理能重复使用50次。芯级火箭继续把有效载荷送入200公里左右的低地球轨道，然后火箭落于太平洋的预定海域。

"能源"号火箭的总设计师古巴诺夫为了保证"能源"号的高可靠性，利用计算机进行过500次各种故障试验，借助200种实验装置对火箭整件和组件进行过6500多次试验，对全尺寸实物模型进行了5次试验。

1988年11月15日，"能源"号火箭将不载人的"暴风雪"号航天飞机载入太空轨道飞行，奠定了它的运载火箭之王的地位，为苏联航天技术的进一步发展建立了新的功绩。

知识链接 >>>

"能源"号的近地轨道发射有效载荷的能力超过美国的"土星"5号火箭一倍多。作为一种多用途运载工具，它既可用来发射航天飞机，也可为"和平"号轨道站发射组合舱，还可运送大型设备到轨道上建立太阳能发电站和完善太空基地以及将来向月球或火星发射载人航天器。

航天史上的重大事件

"阿丽亚娜"勇闯宇宙迷宫

众所周知，人类历史上的第一枚现代运载火箭是在1957年由苏联发射成功的，它把世界上第一颗人造地球卫星送入了太空，从此为人类发展航天运输和空间应用技术开了先河。在欧洲，虽然德国的V-2火箭被公认为是后来人类现代运载火箭和洲际弹道导弹发展的雏形。但"二战"结束后，德国作为战败国，这项技术不仅被迫搁置，而且美国还从德国掠走了大量的火箭部件和技术设计人员，从而壮大了本国的火箭技术开发实力。由于历史政治原因，欧洲一直没有大规模发展航天运输技术。1973年7月，法国倡议并联合西欧11个国家成立了欧洲空间局，开始联合投资研制运载火箭，他们把火箭命名为——阿丽亚娜。

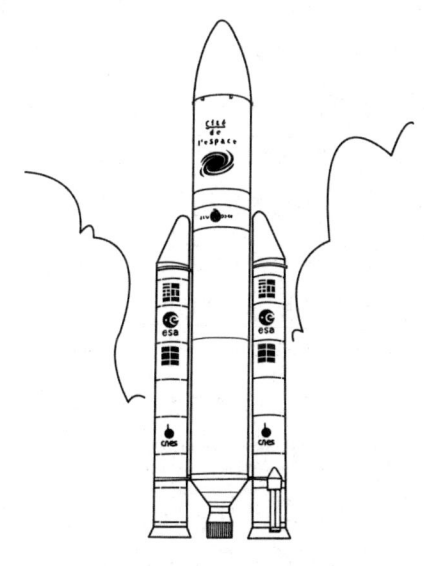

阿丽亚娜是古希腊神话中的一个人物。传说在地中海克里特岛上，有一座地下迷宫，里面住着一个长着牛头人身的怪物，每年人们都要从雅典向迷宫内敬献15对童男童女，供这个怪物享用。国王米诺斯的女儿阿丽亚娜，是一位美丽善良的姑娘，为了保护她不受怪物的伤害，国王赏赐给她一把护身魔刀，修建迷宫的工匠也特意送给她一卷走出迷宫的线团。雅典王子塞休斯是位英俊勇敢的青年，他装扮成童男随进贡队伍来到克里特岛，决心除掉迷宫中的怪物，解救雅典人民的苦难。阿丽亚娜公主见到塞休斯王子后，晚上悄悄来到塞休斯的住处，把魔刀和线团交给他，并向他表达自己坚贞的爱情。塞休斯进入迷宫，把线团的一头拴在迷宫的大门上，然后放开线团，一路打入迷宫，用魔刀杀死了怪物，又顺着线团走出迷宫，同正在等待他的阿丽亚娜一起，逃离了苦海。阿丽亚娜作为战胜魔怪的象征，在经过几千年之后，成为了征服宇宙迷宫的欧洲运载火箭之名。

"阿丽亚娜"火箭的总设计师是法国科学家弗雷德里克·达莱。他于1966年进入法国空间研究中心工作。从此，他的生活与欧洲火箭的发展紧密地联系在了一起。1970年后成为"阿丽亚娜"火箭计划的负责人，承担起火箭的技术设计和研制任务。在他的领导下，经过6年努力，他们攻克了一系列技术难关，1979年12月24日，第一枚"阿丽亚娜"1型火箭从南美洲法属圭亚那的库鲁航天中心发射上天，终于冲出地球，开辟了欧洲联合自强探索太空的道路。

与其他国家运载火箭的不同之处在于，"阿丽亚娜"运载火箭主要用于发射商业有效载荷。进入20世纪80年代以后，国际商业卫星发射市场呈现了供不应求的局面。为此，欧洲空间局又在"阿丽亚娜"1型运载火箭基础上陆续研制了"阿丽亚娜"2型、"阿丽亚娜"3型、"阿丽亚娜"4型运载火箭。1987年11月，欧洲空间局部长级会议正式批准研制"阿丽亚娜"5型大型运载火箭。

1996年6月4日，法属圭亚那库鲁航天中心一个直径5.4米、高约50米的银灰色巨箭昂首矗立在一个巨大的发射平台上，这就是有名的"阿丽亚娜"5型运载火箭。它是在6月3日清晨由总装厂房转送到发射区的，当时，四周可通行的道路全部被封锁，直升机在空中巡逻，以防某些人员图谋不轨。"阿丽亚娜"5型火箭在起飞前的几个钟头一直不顺利，先是凌晨下了大雨，后来又转为多云加小雨。到上午8点30分左右，仍无法发射，地面控制中心的大屏幕上一直有两个红条，分别表明天气和气象条件均不

航天史上的重大事件

具备。9点27分左右，大屏幕上出现了绿条，表明发射时机成熟，此时发射进入倒计时。9时33分59秒，一团白色的蒸汽和耀眼的光芒出现，接着带有两个助推火箭的"阿丽亚娜"5型火箭携着四颗卫星，拖着一条长长的火焰，缓缓升起，扶摇直上，向高空飞进。观看的群众沸腾了，掌声不断，人们的脸上洋溢着胜利的微笑。起飞37秒后，忽然，火箭头部一低，随即发生了爆炸；接着41秒后，助推火箭也发生了爆炸，火箭与卫星的碎片变成一个个火球向下溅落。就这样，耗资71亿美元、牵动十几个国家、涉及数万名技术人员、3000多个日日夜夜的心血，在短短几秒钟内化成了泡影。虽然首次发射不幸失败，但也为以后的研制工作积累了丰富的经验。1997年10月30日，"阿丽亚娜"5型运载火箭进行第二次鉴定发射，终于获得了成功。

"阿丽亚娜"5型运载火箭是目前世界上运载能力最大的商用运载火箭。它只有50米高，重却达750吨。当进行单星发射任务时，它可以把6500公斤的有效载荷送入地球同步转移轨道，而进行双星发射任务时，可以把6000公斤的有效载荷送入相同的轨道。由于目前世界上最大的商业通信卫星质量不超过5.5吨，而大部分商业通信卫星的质量介于2.5—4吨之间，因而"阿丽亚娜"5型运载火箭不仅具有发射世界上最大的高轨道商业通信卫星的能力，还具有一箭发射两颗较大高轨道卫星的能力，这样可以大大降低用户的发射成本。

"阿丽亚娜"系列火箭的成功，是欧洲联合自强的一个象征，目前世界商业卫星的发射业务大约有50%由"阿丽亚娜"火箭承担。

知识链接 >>>

欧洲空间局正式成员国有比利时、丹麦、法国、德国、爱尔兰、意大利、荷兰、西班牙、瑞典、瑞士和英国，非正式成员国有奥地利和挪威。加拿大为观察员。欧洲空间局在1979年后成功地发射了几十颗人造地球卫星，并与美国联合研制了可供多次使用的载人航天器"空间实验室"。目前，欧洲空间局正在积极进行航天飞机和太空站计划。

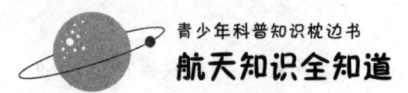

太空"礼炮"

人类并不满足于在太空作短暂的旅游,为了开发太空,就需要建立长期生活和工作的基地。于是,随着航天技术的进步,在太空建立新居所——空间站的条件成熟了。苏联在同美国竞争登月失败后,为了在下一轮的竞赛中获得主动,决定全力以赴实现空间站计划。

1970年,苏联开始了"礼炮"1号空间站的建造工作。与此同时,他们对"联盟"号飞船进行了改装,以便使之成为空间站的辅助运输工具。1971年4月19日,人类历史上第一座空间站——"礼炮"1号发射升空。它在太空运行6个月,

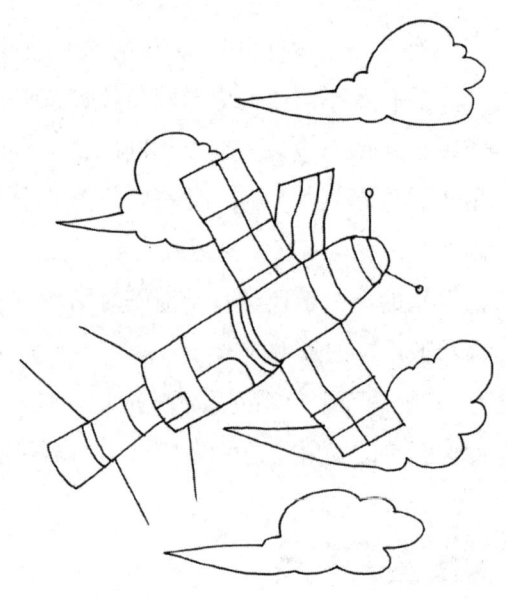

相继与"联盟"10号、"联盟"11号飞船对接组成轨道联合体,每艘飞船各载3名宇航员,共在空间站上停留了26天。从此,载人太空飞行进入了一个新的阶段,人类在太空长期工作和生活的愿望成为了现实。

从"礼炮"1号到"礼炮"5号被认为是第一代"礼炮"号空间站。它

航天史上的重大事件

们与"联盟"号宇宙飞船对接,组成"礼炮—联盟"航天复合体。第一代"礼炮"号空间站由三大部分组成:过渡舱、工作舱和设备舱。过渡舱长3米,直径2米,主要用于装载一些重要的仪器和设备。工作舱由两个直径不同的圆柱体组成,总长为9米左右。第一工作舱内有能操纵空间站的主工作台及控制站上系统工作的仪器。此外,生命保障系统的控制板及空气再生装置也在此舱内。第二工作舱内设有科学仪器舱,其内装有X射线望远镜等仪器。此外,这里设有食品冷藏柜、供水系统的水箱、两个向舱外排除各种废物用的气闸室及在壁橱内的保健卫生包,上部设有睡眠袋。工作台后侧是"太空体育场",装有自行车测功器和跑步器。设备舱直径为2.2米,长度为3.7米。这是非密封舱段,其内装有轨道修正发动机装置及姿态控制发动机组和电视摄像机等设备。

第一代"礼炮"号空间站只有一个对接口,即只能与一艘飞船对接飞行。站上的食品、氧气、燃料储备有限,补给问题无法解决,轨道站的寿命也不是很长。所以经过改进,第二代的"礼炮"6号和7号两座轨道站增加了一个对接口,可以同时与两艘飞船对接组成轨道复合体。除接待"联盟"号载人飞船外,"进步"号货运飞船定期飞往轨道站,为宇航员运送工作和生活所需的物品,包括燃料和科学实验设备。这样就使宇航员在站上的活动范围更广,停留时间延长。

"礼炮"6号在太空飞行近五年,共接待18艘"联盟"号和"联盟"T号飞船。有16批33名宇航员到站上工作,累计载人飞行176天。其中1980年宇航员波波夫和柳明创造了在空间站飞行185天的纪录。"礼炮"7号空间站进入轨道飞行后,接待了"联盟"T号飞船的11批28名宇航员,其中包括第一位进行太空行走的女宇航员萨维茨卡娅。1984年,宇航员基齐姆维约夫和阿季科夫在空间站创造了237天的飞行纪录。"礼炮"7号空间站载人飞行累计达800多天,直到1986年8月停止使用。

通过研制及运行"礼炮"6号和"礼炮"7号这两个实用空间站,苏联积累了相当丰富的载人航天经验。不久,更新一代的航天站"和平"号上天,开辟了载人航天从考察试验向广泛进行生产活动过渡的新阶段。

165

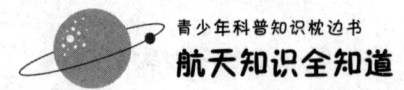

空间站又称"宇宙岛",是一种在近地轨道长时间运行,可供多名宇航员在其中生活、工作和巡访的载人航天器。小型的空间站可一次发射完成,较大型的可分批发射组件,在太空中组装成为整体。在空间站中要有让人能够生活的一切设施,可以不再返回地球。到目前为止,全世界已发射了9个空间站。

天上的"实验室"

美国在与苏联进行的初期航天竞争中失利以后,不仅抢先搞载人登月的"阿波罗"计划,而且要一鼓作气,逐渐甩掉一次性使用的火箭和一次性使用的载人飞船,而建设永久性航天站和为它配套的天地往返运输系统——航天飞机,想远远地将苏联人抛在后面,为此,他们拟订了"天空实验室"计划。

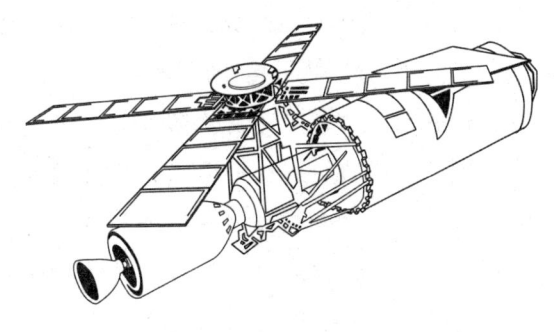

"天空实验室"航天站是利用"土星"5号第三级火箭改制而成的。它是一个长14.6米、最大直径6.5米、重约80吨的圆柱形筒舱。轨道工场是"天空实验室"的主舱,舱内用铝格地板分为上下两层。上层是实验室及储水箱;下层又用隔板分成卧室、餐厅、观察室等。

"天空实验室"的发射分两步进行。首先将轨道工场、太阳望远镜、过渡舱和多用途对接舱发射升空,然后将"登月"计划中剩下的"阿波罗"号飞船发射入轨与"天空实验室"对接。

1973年5月14日,"天空实验室"被送上435公里高的近地轨道上运行。11天后,3名宇航员乘"阿波罗"号飞船进入实验室。他们带了一把特殊的遮阳伞,这把橙色的遮阳伞由工人细心地折叠起来塞在一个135厘

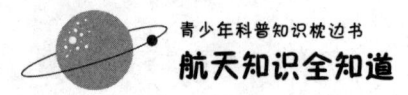

米长的筒子里。下午，宇航员康拉德把遮阳伞塞进一个小密封过渡舱里，然后渐渐地将它推出舱外，弹簧机构"啪"的一声将整个伞弹出。7米长、6米宽的矩形遮阳伞篷张开了，它形成的巨大阴影正好把工作起居室外的阳光挡住，一会儿，"天空实验室"内的温度开始下降，这橙色的遮阳伞挽救了价值2亿美元的"天空实验室"。接着，宇航员康拉德和克尔文穿上宇航服，拿着长长的杆子，将切割器绑在上面，伸到缠绕电池板的铝条上。克尔文的大半个身子都露在空间，他听到像暴风雪一样的声音呼啸而过，突然，脚一下没有蹬住，整个身子都掉到外面去了。两腿在空中晃荡起来，把维持生命的水、氧气管拴了几个结。这一下可吓坏他了，如果宇航服一漏气那他就完了。康拉德急忙小心地替他解开了这些结。克尔文在空中做了几次努力后，终于在飞越南美上空时用切割器将铝条割开。电池板慢慢地伸开了，受伤的"巨鸟"展长了美丽的翅膀。由于他们成功地挽救了"天空实验室"，美国总统尼克松亲自发来了贺电。

1973年7月28日，"阿波罗"号飞船运送第二批3名宇航员进入"天空实验室"空间站，完成了59个昼夜的飞行。11月16日，该站又接待了第三批3名宇航员。这批乘员一直在航天站生活到1974年2月才返回地面。此后，就再也没有宇航员进入该航天站，实际上它已经被关闭停用，成了一颗重达80吨的特大型人造卫星，独自在太空中绕着地球运行。

按照原来的计划，"天空实验室"至少有10年的轨道寿命，可以运行到1983年。到那个时候，美国航天飞机将研制成功，发射上天，对将要坠落的"天空实验室"进行抢救，由航天飞机帮它加速，提高它的运行轨道。不幸的是，由于20世纪70年代末太阳黑子活动加强，大气层的气体分子密度增加，"天空实验室"在运行中所受到的阻力增大，结果它的运行轨道高度的降低速度比预计的要快得多。而航天飞机又由于技术上有困难，尚未研制出来，不能上天执行营救任务。这样，等待"天空实验室"的命运就只有坠毁了！

1979年7月11日，地面操作人员向"天空实验室"发出最后一次指令，使它安全地飞过北美大陆上空人口稠密地区，然后返回地球。"天空

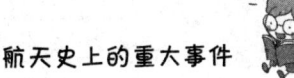

实验室"接到指令后，便像一条火龙划破长空，穿过大气层，最后化成无数碎片，坠落在澳大利亚西部地区和南印度洋。它在宇宙空间总共运行了2246天，绕地球34981万圈，航程达14亿多公里。

知识链接 >>>

美国在"天空实验室"里共进行了28项科学实验。在其中的材料加工实验中，宇航员利用电炉和电子束枪进行了空间焊接实验，后来证明焊接质量优于地面。在晶体生长实验中，宇航员发现在天空生长出的晶体长达2厘米，比预期的长6倍。这些工作为未来的太空生产积累了经验。

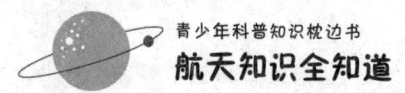

"和平"号人造天宫

"和平"号空间站是苏联第三代载人空间站,也是人类历史上的第九座空间站,被誉为"人造天宫"。它的整体形状看上去就像一束绽开的花朵,有6个对接口,可在互不干扰的情况下接待6个飞船,其中有的飞船的质量可以比"和平"号本身的质量大几倍,从而形成巨大的空间轨道联合体。

"和平"号太空站是1986年2月20日升空的,设计工作寿命是5年。可它刚满5岁就遇上了苏联解体,到1999年它已在轨工作了12年多。按原计划,俄罗斯还将开发

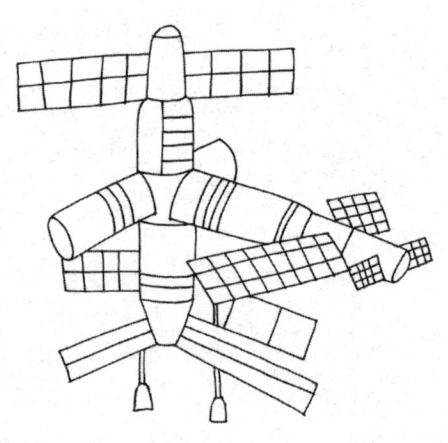

出"和平"2号接替"和平"号。但20世纪80年代后期苏联的经济危机及苏联解体后俄罗斯经济也处于困境,"和平"2号因资金不足而难产。于是,"和平"号担负起在困境中发展载人航天技术的使命。为了维持"和平"号的生存,俄罗斯只得让"和平"号和外国宇航界合作,争取外援。先后有28个长期考察组和16个短期考察组在上面从事考察活动,共有俄罗斯、美国、英国、法国、德国、日本、叙利亚、保加利亚、阿富汗、奥地利、加拿大、斯洛伐克12个国家的135名宇航员在空间站上工作过。

航天史上的重大事件

"和平"号空间站创下了多个世界第一：它是在太空工作时间最长、超期服役时间最长、工作效率最高、接待各国宇航员最多的太空站，俄罗斯宇航员波利亚科夫创造了单人连续在太空飞行438天的最高纪录。此外，"和平"号空间站还在试验人造月亮、空间商业化等方面进行了许多有益的探索，获得了大量数据和具有重大实用价值的成果，为开发利用太空和人类在太空长期生活积累了丰富的经验。在医学领域，研究了在太空使用的药物处方、宇航员飞行后的体力恢复方法。在生物学领域，研究了蛋白质晶体生长、高效蛋白质精制、特殊细胞分离、特种药品制备等。在材料和空间加工领域，进行了600多种材料实验，制造了半导体、玻璃、合金等35种材料。在对地观测方面，发现了10个地点可能有稀有金属矿藏，117个地点可能有油脉存在。在天文观测方面也有许多重大发现。此外，还开发了大量空间新技术。

由于超期服役，"和平"号在十多年里共发生了近2000处故障，其中近100次故障一直未能排除。空间站的中央计算机已老化到了必须完全更换的地步。空间站的温度调节系统也故障不断，太空舱的局部温度有时竟达53℃。"和平"号上的蓄电池曾两次异常放电，导致"和平"号与地面短暂失去联系及空间站局部停电。1997年6月还曾发生货运飞船撞穿"和平"号光谱舱事故。另外，由于多年的宇宙陨石微粒撞击和空间站内部化学物品的腐蚀，"和平"号70%的外体遭到腐蚀。维修"和平"号耗资巨大，每年需投入2.5亿美元，俄罗斯政府对此无能为力。不得已之下，俄罗斯只得放弃"和平"号。2001年1月5日，俄政府总理签署了结束"和平"号空间站工作的政府命令。

2001年3月23日下午2时，在全世界人民的关注的目光中，"和平"号终于走完了15年的坎坷路程，带着它创下的无数成就，带着苏联时代的骄傲，带着全俄罗斯人民和全世界人民的惋惜从地球轨道上消失了。在高速坠落的过程中，这个凝聚着人类智慧结晶的庞然大物片片分解、燃烧，急速坠入斐济主岛以南的太平洋洋面。作为人类历史上最为成功的长期载人空间站，"和平"号无疑将永垂史册。

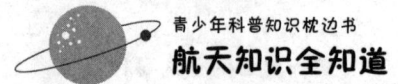

在"和平"号空间站的15年生命历程中,共绕地球飞行了8万多圈,行程35亿公里,共有31艘"联盟"号载人飞船、62艘"进步"号货运飞船与"和平"号实现对接,宇航员在"和平"号上进行了78次太空行走,在舱外空间逗留的总时数达359小时12分钟。

航天飞机艰难问世

20世纪70年代之前，人类探索太空的工具，不论是人造卫星、登月飞船，还是随后的太空实验室，都是通过发射一个又一个功率巨大的运载火箭来把它们送上太空的。研究、设计和制造这样的运载火箭需要耗费大量的人力、物力和财力，而这种代价高昂的运载火箭却只能使用一次。因此，制造一种可以重复使用的工具，以便大大降低宇宙航行的成本，这就成了人们发展宇宙航行事业的迫切需要。不久后，一种新型的运载工具诞生了。这是一种具有运载火箭性质、往返于太空与地球之间、像飞机一样的宇宙运输工具，人们称之为——航天飞机。

美国是最早研究航天飞机各种可行方案的国家。1977年1月31日，在数千名警察的前呼后拥下，美国第一架航天飞机——"企业"号被运到爱德华兹空军基地。首先它被吊到波音747飞机背上，让飞机驮着它进行了3次滑行试验。2月18日，波音747又5次驮着"企业"号在4900米高空

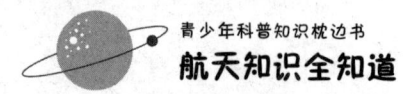

以每小时460公里的速度飞行了2小时，然后安全降落。8月，"企业"号首次载人飞行，不过它还是被波音747驮上天后再分离。"企业"号在7300多米的高空飞翔了5分钟，自行返回机场。它在天上做了3次有人受控机载飞行和5次有人机载"自由"返航飞行均获成功，证明航天飞机重返大气层进行着陆是完全可靠的。遗憾的是，由于缺钱，"企业"号没有再继续飞行，在一系列成功的地面试验后，它披满尘土长眠在机库里。

1981年4月12日，是人类航天历史上崭新的一页。这一天，第一架真正意义上的航天飞机——"哥伦比亚"号航天飞机飞上了太空。

这天凌晨2点，"哥伦比亚"号静静地矗立在美国肯尼迪航天中心的39A发射阵地上。这个大家伙长约56米，高23米多，起飞重量约2000吨。它由上下两部分组成：上部是轨道器，长约37米，翼展宽约23米，自重约68吨，其体积与大型喷气式客机相似；下部是两个固体燃料助推器和一个外贮箱，外贮箱处在两个固体燃料助推器之间，也是一个庞然大物，长约47米，直径约8米。航天飞机内部装有上千吨燃料——液氢和液氧，作为主发动机的推进剂。

7时，"哥伦比亚"号的两台固体火箭发动机和3台液体火箭主发动机同时点火。航天飞机的尾部发出闷雷般的巨响，两个固体燃料助推器的尾部喷出了180多米长、60多米宽的橘黄色火舌，将约翰·杨和罗伯特·克里平两位宇航员送上太空。升至大约50公里的高空，固体燃料助推器燃烧完毕，借助6支分离小火箭与"哥伦比亚"号分离，其空壳用降落伞减速，溅落在预定海域。在那里，回收船早已恭候多时。此后，在主发动机的推动下，"哥伦比亚"号继续上升。抛掉外贮箱后，进入了预定轨道。这时，主发动机熄火，2台小型发动机启动控制飞行。

飞行过程中，地面监视人员突然发现，在两台轨道调整发动机突起的外皮上，出现了几个近似方形的黑点。地面控制中心的人员立即向"哥伦比亚"号发出指示："查清这些黑点的情况。"克里平受命后，立刻控制摄像机检查轨道器尾部。他平静地报告道："每个发动机外部都有几块防热瓦脱落。右舷基本上可以确定掉了3块，另外还有一些较小的缺损；左边的

航天史上的重大事件

据我看只有一块完全脱落，另有一些小的三角形缺损……"宇航局决定在航天飞机通过头顶的时候，用美国国防部的高分辨率照相机对它进行拍摄。拍摄分析后的情况表明，一切都不必担心。于是，休斯敦飞行控制中心向航天飞机发出指令："干下去。"

时间过得很快，"哥伦比亚"号已经在空中飞行了50多个小时，已经环绕了地球36圈。它即将返回地面。在爱德华兹空军基地，4架T-38歼击机整装待发，准备以一个同步方阵飞行5分钟，以便于在1.2万米的高空与"哥伦比亚"号会合，并跟踪到它降落为止。歼击机的任务，是在航天飞机下降时，向宇航员提供最准确的高度和速度信息，并在航天飞机着陆之前拍摄到所有的飞行情景。

"哥伦比亚"号预定于17点49分1秒到达12.2万米高处的大气层顶部。17点57分，"哥伦比亚"号飞出了关岛站接收区。它将在5.8万米的高空，飞进加利福尼亚海滨上空。在这之前，它的一切通信联系都将暂时中断。"哥伦比亚"号终于飞进了12.2万米这个宇航局定义的大气屏障。它以24.6倍于地面音速的速度飞行着——要知道，在此之前，世界上没有一个人曾驾驶飞机达到过这样的速度。18时5分，"哥伦比亚"号与休斯敦恢复了联系。在飞机着陆前9秒，约翰·杨放下了机轮。这时，一架在一旁低飞的跟踪飞机通过无线电报告说："起落架已经放下……50……40……4，3，2，1——接地了！"地面控制人员兴奋地欢呼："成功了，成功了！"

第一架载人航天飞机终于出现在太空舞台，这是航天技术发展史上的又一个里程碑。

知识链接 >>>

航天飞机能像火箭那样垂直发射进入空间轨道，又能像卫星那样在太空轨道飞行，还能像飞机那样再进入大气层滑翔着陆，它的轨道器可重复使用100次。作为一种新型的航天器，它不但可以在天地间运载人员和货物，而且还能凭着它容积大的特点，把人造卫星从地面带到太空去释放。

175

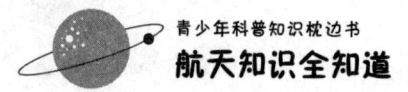

"暴风雪"计划惨淡收场

美国的航天飞机问世以后，苏联将这一新型航天器视为未来美国搭载核武器的工具，于是他们决定对这种"威胁"作出回应。不久后，苏联制订了"暴风雪"计划，开始研制自己的"太空梭"——"暴风雪"号航天飞机。

1980年，"暴风雪"号航天飞机的建造工作正式开始。这种航天飞机的大小与普通大型客机相差无几，外形同美国航天飞机相仿，机翼呈三角形。机长36米、高16米，翼展24米，机身直径5.6米，起飞重量105吨，返回后着陆重量为82吨。它有一个长18.3米、直径4.7米的大

型货舱，能把30吨货物送上近地轨道，将20吨货物运回地面。头部有一容积70立方米的乘员座舱，可乘10人，设计飞行寿命100次。

作为冷战时代美苏争霸的产物，"暴风雪"号凝聚的是最先进的技术，在很多方面还优于美国的航天飞机。首先，"暴风雪"号的主发动机不是装在航天飞机尾部，而是安装在"能源"号火箭上，这样就大大减轻了航天飞

航天史上的重大事件

机的入轨重量，同时能腾出位置安装小型机动飞行发动机和减速制动伞。其次，"暴风雪"号着陆时，可用尾部的小型发动机做有动力的机动飞行，安全准确地降落在狭长的跑道上，万一着陆失败，还可以将航天飞机升起来进行第二次着陆，从而提高了可靠性。而美国航天飞机靠无动力滑翔着陆只能一次性成功。最后，"暴风雪"号能像普通飞机那样借助副翼、操纵舵和空气制动器来控制在大气层内滑行，还备有减速制动伞，在降落滑跑过程中当速度减慢到50公里每小时时自动弹出，使航天飞机在较短距离内停下来。

1988年11月15日莫斯科时间清晨6时整，"暴风雪"号航天飞机从拜科努尔航天中心首次发射升空，47分钟后进入距地面250公里的圆形轨道。它绕地球飞行两圈，在太空遨游3小时后，按预定计划于9时25分安全返航，准确降落在离发射地点12公里外的混凝土跑道上，完成了一次无人驾驶的试验飞行。

"暴风雪"号的成功首飞给各国带来了很大影响，人们期待着它能够早日作载人飞行。按原计划，第二架航天飞机将于1991年首飞，第三架则是在1992年建造完成，而首次载人飞行将在1994—1995年进行。但由于政治和经济原因，这一切都没有实现。苏联解体后，昔日的计划更是彻底失去了经济支持。1991年，苏联军方停止了对该计划的拨款支持。1993年，"暴风雪"航天飞机机身的设计者被迫承认，"暴风雪"计划就此结束。此后，"暴风雪"号航天飞机没有再进行过太空飞行。所有航天飞机只能存放在库房中，任灰尘飞扬，仪器老化。而未完工的两架则已在20世纪90年代中期被拆解。2002年，"暴风雪"号航天飞机中可以飞行的一架连同"能源"号火箭一道，因拜科努尔的厂房坍塌而被摧毁。至此，"暴风雪"计划在凄凉惨淡中彻底终结。

知识链接 >>>

为了发射"暴风雪"号航天飞机，苏联专门研制了被称为"运输火箭之王"的"能源"号重型运输火箭。此外，为解决"暴风雪"号的运输问题，他们还专门设计了"梦幻"大型运输机。这是目前已有的体积最大、载重能力最强的飞机，迄今只生产了两架。

"挑战者"号罹难

1986年1月28日,美国第二架航天飞机"挑战者"号在进行第十次飞行时,从发射架上升空73秒后发生爆炸,价值12亿美元的航天飞机化作碎片,坠入大西洋,7名机组人员全部遇难,造成了世界航天史上最大的惨剧。

"挑战者"号是美国第二架上天飞行的航天飞机。它也是由轨道飞行器、外挂燃料贮箱和两个装在尾部两侧的固体火箭助推器三部分组成。轨道飞行器形状酷似普通飞机,机身长37米,翼展24米,头部是密封的乘员座舱,机身就是货舱,一次可向太空载送20吨货物,运回10吨物品。货舱里装有机械臂,可将货物送入太空,或把空间的飞行物体抓住收回货舱。尾部是3台主发动机。外挂燃料贮箱重35吨,长47米,最大直径8.4米。它在航天飞机脱离地球引力进入轨道后,燃料用完即同

航天史上的重大事件

轨道飞行器分离,坠入大气层中烧毁。两枚固体助推器,每枚长45.5米,直径3.6米;火箭分4节,由177颗钢钉铆合在一起。

1986年1月28日,7名宇航员搭乘"挑战者"号航天飞机进行它的第十次航天飞行。11时38分,"挑战者"号发射升空,直冲云霄。7秒钟时,飞机翻转;16秒钟时,机身背向地面,机腹朝天完成转变角度;24秒时,主发动机推力降至预定功率的94%;42秒时,主发动机按计划再减低到预定功率的65%,以避免航天飞机穿过高空湍流区时由于外壳过热而使飞机解体。这时,一切正常,航速已达每秒677米,高度8000米。50秒钟时,地面曾有人发现航天飞机右侧固体助推器侧部冒出一丝丝白烟,但是这个现象没有引起人们的注意。52秒时,地面指挥中心通知"挑战者"号上的指令长将发动机恢复全速。59秒时,高度10000米,主发动机已全速工作,助推器已燃烧了近450吨固体燃料。此时,地面控制中心和航天飞机上的计算机上显示的各种数据都未见任何异常。72秒时,高度16600米,航天飞机突然闪出一团亮光,外挂燃料箱凌空爆炸,航天飞机被炸得粉碎,与地面的通信猝然中断,监控中心屏幕上的数据陡然全部消失。"挑战者"号变成了一团大火,两枚失去控制的固体助推火箭脱离火球,呈V字形喷着火焰向前飞去,眼看要掉入人口稠密的陆地,航天中心负责安全的军官手疾眼快,在第一百秒时,通过遥控装置将它们引爆了。

"挑战者"号失事了!它爆炸后的碎片散落了1小时之久,价值12亿美元的航天飞机,就此化为乌有了,7名机组人员全部遇难。在这7名宇航员中,有两名女宇航员。最引人注目的是一名中学女教师麦考利夫,她是从1万多名报考应征的教师中严格挑选的,准备在"挑战者"号进入第四天飞行时,在太空向地面的学生讲两堂课,每堂15分钟,以此标志航天飞机走向更为实用的阶段。不幸由于这次意外事故而使空中课堂的计划未能实现,麦考利夫作为一名教师以身殉职。在美国新罕布什尔州的康科德中学,当学生们从电视上看到"挑战者"号载着他们的老师飞向太空时,兴奋得欢呼起来。然而不久,面对"挑战者"号突然爆炸的画面,学生们不禁目瞪口呆,继而失声痛哭。

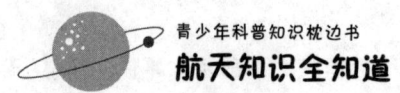

在"挑战者"号爆炸之前，苏联和美国的宇航员也曾因意外事故而牺牲，但这并没有影响人类的宇航活动，因为人类对未知领域探索的步伐永远不会停止！

知识链接 >>>

"挑战者"号失事后，美国组织了大规模的调查，同时出动飞机和舰只封锁海面，打捞残骸碎片。在3个月时间里，一共寻找到4000多块残骸碎片，占"挑战者"号整个机体的30%。经分析，"挑战者"号爆炸是右侧固体火箭助推器连接处因设计上的缺陷和气温过低、密封垫圈失效造成的。

"奋进"号太空作业

"挑战者"号航天飞机失事以后，1991年，美国又投资20亿美元研制了一架新的航天飞机。当时美国宇航局向全美各地的中小学生征集新航天飞机的名字，最终，这架航天飞机被命名为——"奋进"号。

"奋进"号于1992年5月7日首航。这次飞行的任务之一是修复一颗失控的卫星——"国际通信卫星"6号。这是一颗1990年发射的国际通信卫星，但它并未入轨，而是被扔在了距地面362公里的一条无用的轨道上，白白地飘荡了两年。美国"奋进"号航天飞机奉命拯救这颗"生灵"，让它起死回生。

"奋进"号飞近卫星后，一开始，两名宇航员出舱想用一根长4.5米的捕获杆捉住卫星，但是稍受触动，卫星就剧烈晃动、飘飞，两次捕捉都没有成功。5月13日，3名宇航员互成120度角排开，围住卫星然后飘到卫星前同时用手抓住卫星，使它稳定以后再用捕获杆卡住卫星，

慢慢地将卫星拉回航天飞机的货舱里，徒手捉卫星的整个过程达1小时47分。后来，宇航员又为这颗卫星安装了一个固体发动机，把它放回了太空。14日下午，"国际通信卫星"6号发动机点火，卫星进入了预定轨道，开始执行其为期10年的工作使命。为修复这颗卫星，国际卫星组织共花费1.53亿美元。但是，要重新制造一颗卫星再加上发射费用则需2.7亿美元，而且还要等两年。这次修复成功，不仅可节省近1.2亿美元，而且还将赢利1.728亿美元。

1993年12月，"奋进"号航天飞机再次升空，这次的使命是修复哈勃太空望远镜。

哈勃太空望远镜是于1990年被送入近地轨道的。但两个月后，它的"病症"接连出现：先是镜头出了问题，成了"近视眼"，可以看到140亿光年的观测距离缩短为只有40亿光年；再就是"颤抖症"，望远镜由于太阳能电池帆板经不起热胀冷缩，出现了颤抖，大约一天要颤抖16次；再就是"大脑"出了问题，主计算机部分失效。

1995年12月2日，美国东部标准时间4时27分，"奋进"号航天飞机发射成功。6个小时后，航天飞机的指令长和副驾驶员操纵机上11台轨道机动发动机，完成了两次机动飞行，靠近了哈勃望远镜。12月4日，航天飞机上伸出加拿大制造的15米长的遥控机械臂，将这个庞然大物抓住，并放在货舱内的可转动专用支架上，修复工作拉开了序幕。

12月5日，宇航员霍夫曼中校、马斯格雷夫博士身着宇航服进入敞开的货舱。霍夫曼用脚上的一个装置将自己的一只脚套在机械臂端的平台上，并打开了望远镜壳体上的 组后舱盖。马斯格雷夫顺着货舱壁的扶手到达维修位置，他把一只脚捆在望远镜内，两人更换了三台陀螺速率传感器，并装上了新的安培保险丝。此次活动花了近8个小时的时间。第二天，女宇航员桑顿、空军中校艾克斯进行了第二次舱外活动。先是舱内机械臂操纵手——瑞士宇航员尼科利耶空军上尉操纵机械臂将望远镜原有的太阳能电池帆板扔掉；接着两个舱外人员为望远镜安装上了美国制造的新太阳能电池帆板，新帆板采用新伸缩软管式隔热结构，为望远镜治愈了"颤抖病"，

航天史上的重大事件

此活动用了近7个小时。12月7日,霍夫曼和马斯格雷夫进行了另外三次舱外活动。两人密切配合,先将272公斤的相机沿镜内导轨推出,再换上新型相机。这一次也用了近7个小时。12月8日,艾克斯和桑顿为哈勃望远镜主镜装上了新光学系统和计算机。这样,哈勃望远镜的"眼睛"得到复苏。这次活动花了6个多小时。12月9日,霍夫曼和马斯格雷夫进行了最后一次舱外活动,他们用7个小时更换了一个太阳能电池帆板驱动装置。到这里,整个哈勃望远镜修复工作告一段落。12月13日,"奋进"号航天飞机在肯尼迪航天中心安全着陆,举世瞩目的空间维修计划全部完成。过去,对于失灵的卫星是用航天飞机拖回地面修好后,再进行施放的。太空修理哈勃望远镜并为它更换零部件的做法,使人类在太空的活动领域得到了扩展,也使航天飞机的功能得到了充分的发挥。

知识链接 >>>

"奋进"号是美国最"年轻"、动力最强的航天飞机。与前几架航天飞机相比,"奋进"号的电子设备有所改进,而且在尾部还增加了一个减速伞,可以缩小着陆后在跑道上滑行的距离。2011年5月16号,"奋进"号航天飞机在肯尼迪航天中心成功发射升空,开始其第25次飞行,也是其19年职业生涯中最后一次太空使命。2012年9月21日,"奋进"号航天飞机搭载于一架波音777-200飞机被送达加利福尼亚州洛杉矶国际机场,完成最后一次空中飞行。

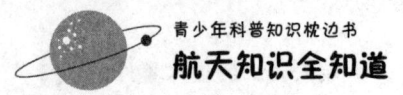

惨痛的"哥伦比亚"号事故

"哥伦比亚"号航天飞机是美国最"老"、也是承载科研项目最多的航天飞机。不幸的是,它在执行第二十八次任务返航途中爆炸解体,酿成了人类航天史上又一幕惨剧。

"哥伦比亚"号于1981年4月12日首次发射升空。整整20年后,它准备进行第二十八次飞行。但由于技术故障和航天飞机调配等原因,发射日期一直被推迟到了2003年1月16日。这天上午7点,"哥伦比亚"号进

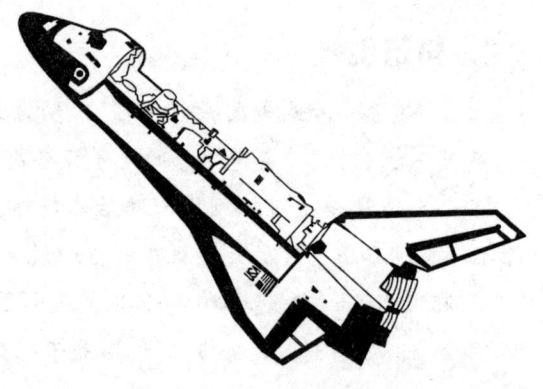

入太空。2月1日上午9时,就在"哥伦比亚"号航天飞机即将返回佛罗里达州的肯尼迪航空中心前16分钟,它突然与地面指挥中心失去了联系,并且在不久后被发现其在得克萨斯州上空爆炸解体。这是继1986年"挑战者"号航天飞机爆炸后,美国发生的第二次航天飞机失事事件。美国宇航局后来确认,"哥伦比亚"号航天飞机外部燃料箱表面泡沫材料安装过程中存在的缺陷,是造成整起事故的罪魁祸首。

此次失事的"哥伦比亚"号上共搭载着7名宇航员,分别是女宇航员卡尔帕娜·查乌拉、克拉克以及男宇航员拉蒙、赫斯本德、麦库尔、安德

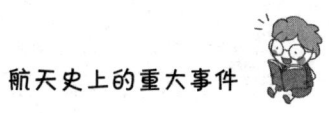

森、布朗。

女宇航员卡尔帕娜·查乌拉出生在印度。1978年，17岁的查乌拉考入旁遮普工学院航天工程专业时，她创下了一项纪录——全专业唯一的女生。查乌拉的亲朋好友对她家供一个女孩子上大学本来就颇有微词，因此，当查乌拉决定留学美国的时候，整个家族都觉得特丢脸似的，原因很简单：重男轻女的思想在作怪。他们觉得，一个女孩子上完大学就已经够离经叛道了，现在又到美国留学，将来谁敢娶这样一个有文化的女孩子！好在查乌拉父母思想开明，坚决站在女儿这边，支持女儿到美国留学。1980年，查乌拉在得克萨斯州攻下了航天工程专业硕士学位，随后又取得了同一专业的博士学位，并加入美国国籍。1994年，查乌拉被美国宇航局选中，3年后，她乘航天飞机进入太空，从事太空微重力实验。

拉蒙是以色列人，他于1954年出生在特拉维夫，中学毕业后即开始了军旅生涯，并于不久被派送到飞行训练学校学习飞行。1997年4月29日，拉蒙成了全世界犹太人心目中的英雄，因为他在那一天被选拔为美国宇航局的宇航员。不过，出于安全考虑，外界当时并不知道这位以色列宇航员的真名实姓，只知道他是一名执行过多次战斗任务的勋章飞行员，是一名电子工程师，代号"A上校"。一年后，当美国宇航局开始向外界全面推介新培训的宇航员时，"A上校"的真面目大白于天下，拉蒙的名字这才见诸报端。"哥伦比亚"号航天飞机发射升空的时候，以色列官方组织了一个300人的代表团参观发射过程，他升空的消息占据了以色列媒体几乎所有的头条。

灾难使得人们看到了载人航天的高投入和高风险，但人类进军宇宙深处是一个伟大的事业，灾难并不能阻挡世界各国在载人航天征途上前进的步伐。

知识链接 >>>

"哥伦比亚"号的名字来自于凡尔纳的小说《从地球到月球》，小说中有一门哥伦比亚炮，可以向月球发射炮弹。

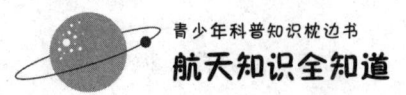

"太空城市"国际空间站

大家也许在科幻片里看到过"太空城市",然而,在21世纪到来的时候,这个幻想已经开始变为现实了。2000年10月31日,一艘俄罗斯宇宙飞船载着一名美国宇航员和两名俄罗斯宇航员飞上太空,他们的任务便是建设"太空城市"——国际空间站。

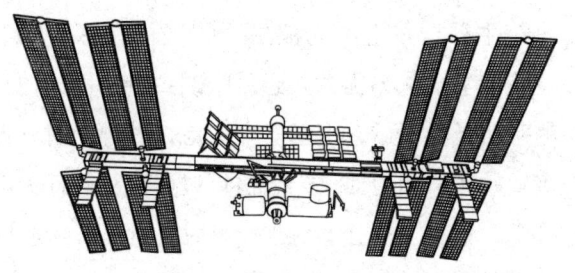

国际空间站的设想是1983年由美国总统里根首先提出的,即在国际合作的基础上建造迄今为止最大的载人空间站。早在1984年,美国就试图建设一个属于自己国家的轨道站。然而,要建设这样大型的轨道工作站,仅靠美国一国之力难度太大了。后来的分析论证结果显示,如此庞大、复杂且昂贵的轨道综合体只有通过国际协作才能顺利建成。当时,苏联正在为自己的"和平"2号空间站建设费尽心力,但伴随着苏联的解体和之后俄罗斯经济的萎缩,该项目的建设处于停滞状态。在这种条件下,后来的俄罗斯领导人最终决定同意开展国际合作。1993年9月2日,美俄签署协议,双方同意在各自现有的空间站计划上联合建造一个包括欧洲空间局、日本、加拿大的部件的国际空间站。

1994年4月,国际空间站计划完成了系统的设计评审。在明确总体方案的同时，还确定了空间站的关键技术项目和分工。其中，美国提供的主要部件包括一个可容纳4名乘员的居住舱、一个多用途实验室舱、两个资源节点舱等；俄罗斯的任务是利用其成熟技术和硬件提供部件和服务，主要包括重型运载能力，太阳能电池帆板以及多功能运货舱，服务舱及救生飞船。其中，多功能运货舱将作为空间站的最核心部件之一，它第一个发射入轨，用于提供导航和轨道控制功能，也可供宇航员居住。欧洲空间局的任务是提供"哥伦布"轨道设施、自动转移飞行器和乘员运输飞行器三个单元部件。日本负责提供一个多用途空间科学实验舱。加拿大则提供一个移动服务系统，主要包括一个具有125吨负荷能力的16.5米长的机器人手臂及其他辅件。

1998年11月20日，俄罗斯的"曙光"号多功能运货舱顺利进入太空轨道。"曙光"号是由美国宇航局出资、俄罗斯制造的，它的发射升空以及同年12月美国"团结"号节点舱与其连接，标志着人类已经拉开了建设"太空城市"的序幕。2000年7月，"星辰"号服务舱与空间站连接。几个月后，首批宇航员登上了国际空间站。同年11月30日，美国"奋进"号航天飞机为国际空间站送去两块太阳能帆板。2001年2月7日，美国的"命运"号实验舱由"亚特兰蒂斯"号航天飞机送入轨道。4月23日加拿大制造的机械臂与空间站顺利对接。7月12日，美国"亚特兰蒂斯"号航天飞机又把供宇航员出舱活动的气闸舱送入轨道。到此，空间站第二阶段的装配工作完成。

国际空间站建设的最后阶段原本是从1998年开始到2004年结束。这期间要将美国的居住舱、欧洲航天局的"哥伦布"舱和日本实验舱以及加拿大的遥控机械臂装置送上轨道，从而最终完成国际空间站的组装。但国际空间站的预算远远超过了美国宇航局最初的预计，其建造时间表也比预定的要晚得多，主要原因就是2003年美国"哥伦比亚"号航天飞机失事之后，美国宇航局停飞了所有的航天飞机。按照计划，空间站建设将在航天飞机重返太空之后在2006年恢复，但是在2005年7月"发现"号航天飞机的一次飞行任务完成后，由于航天飞机隔热材料在升空过程中脱落，美

国宇航局再次停飞所有航天飞机,这使得国际空间站的建设时间表再次拖延。

从2006年9月到2011年年底,国际空间站第三阶段的组件陆续发射升空并与之对接。

2006年11月15日,国际空间站上的活动首次在地球上进行了电视直播,这是人类首次观看到来自太空的高清晰度电视直播画面。2009年3月,美国宇航局网站又开始在线直播国际空间站的实时视频。当空间站工作人员睡觉或者下班的时候,全球互联网用户可以通过网络欣赏空间站的直播视频。

国际空间站现已全部完成组建,所有设施均投入使用。这个"太空中的城市",成为人类在太空中长期逗留的一个前哨。目前,国际空间站的使用期限为2024年,但各方仍在努力确保其寿命能够延长到2028年以后。

知识链接 >>>

美国"哥伦比亚"号航天飞机于2003年2月1日失事,在此后的两年半时间里,国际空间站的人员接送和物资运输全部改由俄罗斯"联盟"号飞船负责。为了减轻经济压力,俄罗斯将原来前往国际空间站上的每次1组3名宇航员改为2名,以便搭载1名"太空游客",赚取每次2000万美元的费用。

天外"千里眼"

人们在地面上看远处的物体,最远也不会超过 1000 米,而望远镜正是人眼的延伸。长期以来,科学家们梦寐以求的是:摆脱地球大气层的干扰和束缚,把望远镜送上太空,让人类在太空中拥有一双洞彻宇宙的"千里眼"。1990 年,世界上第一台太空望远镜问世了,这就是哈勃太空望远镜。

哈勃太空望远镜是由美国宇航局主持建造的四座巨型空间天文台项目中的第一台,它是为了纪念美国天文学家哈勃而命名的。哈勃是近代天文史上的一位传奇人物,他于 1924 年利用当时世界上最大的反射式望远镜——口径 2.54 米的胡克望远镜,发现旋涡状的仙女座大星云存在造父变星,他根据周光关系推算出该星云在银河系之外,同时证明该星云是同银河系一样的恒星系统,称为"河外星系"。科学界公认,哈勃是星系天文学的奠基人和观测宇宙学的先驱者。

哈勃望远镜的外观像一个5层楼高的圆筒，从1979年蓝图设计到1990年投入观测，总耗资15亿美元。若按重量计算，平均每克造价接近130美元，远比纯金要贵。1990年4月25日清晨，美国肯尼迪航天中心，随着"发现"号航天飞机一飞冲天，哈勃太空望远镜随之升入太空。此后，它就一直运行于距离地面600公里的高空，成为了人类天文史上最重要的仪器。在长达10多年的孤独太空旅行中，哈勃望远镜帮助人类加深了对星系形成的了解，大致确定了宇宙诞生的年龄，增加了对恒星演化历程的认识，并通过对遥远的类星体的研究，探察了宇宙的结构。

其实，哈勃望远镜从上太空起就处于"带病坚持工作"状态。最初，它因为镜片的微小误差而不幸成了"近视眼"，后来宇航员亲手给它加装了"近视镜"才将它的视力矫正过来。那是宇航员对哈勃望远镜进行的第一次维护。后来，对哈勃望远镜的人工维护又进行了四次。尽管每次大修以后，哈勃望远镜都面貌一新，特别是2002年科学家利用"哥伦比亚"号航天飞机对它进行的第四次大修，为它安装测绘照相机，更换太阳能电池板，更换已工作11年的电力控制装置，并激活处于"休眠"状态的近红外照相机和多目标分光计，然而，大修仍掩盖不住它的"老态"。

2009年5月，"亚特兰蒂斯"号航天飞机上的宇航员通过5次太空行走对哈勃望远镜又实施了一次维护，为其更换了相机、电池、陀螺仪、对接环、光谱仪等设备。新安装的广角相机价值1.32亿美元，天文学家有望利用它观测宇宙诞生后5亿—6亿年时的场景。新陀螺仪可以帮助哈勃望远镜更精确地对准宇宙中更遥远的天体。在退役返回地球时，哈勃望远镜可借助对接环与一艘遥控飞船相连，进而被引导至太平洋上空。新安装的"宇宙起源光谱仪"是迄今太空中灵敏度最高的，装备了这一新"武器"的哈勃望远镜将可以向地面科学家提供宇宙中遥远天体的温度、密度及其运行速度的精确数据。

2016年3月4日，人类宇宙观测距离记录再次被哈勃望远镜刷新，它成功捕捉到了距离地球134亿光年的微光。若韦伯望远镜在预定时间升空，

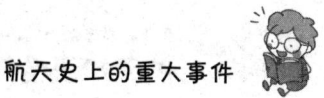

那么2019年,哈勃望远镜将和韦伯望远镜同时在轨道运行,帮助人类揭示宇宙的秘密。

知识链接 >>>

美国宇航局已经公布了用于取代哈勃望远镜的下一代太空望远镜——詹姆斯·韦伯太空望远镜。它由美国、欧洲和加拿大航空机构合作完成,耗资45亿美元,其体积是哈勃望远镜的3倍,捕捉光线的能力是哈勃望远镜的6倍。预计它将于2018年升空。

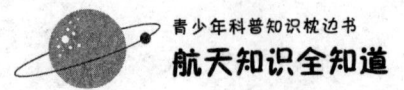

神州第一星

在世界上第一颗人造卫星上天飞行 14 年之后，我国第一颗卫星"东方红"一号成功发射升空，它标志着中国在太空占有了一席之地。

1956 年，中国把开发火箭技术纳入国家 12 年科学发展规划。1957 年，著名科学家钱学森等积极倡议开展人造卫星的研究工作。1958 年毛泽东同志发出"我们也要搞人造卫星"的号召。根据这一战略考虑，中国科学院把研制发射人造卫星列为重点任务，揭开了中国向太空进军的序幕。

1968 年 2 月，中国空间技术研究院宣告成立，钱学森担任院长，领导实施人造卫星研制计划。1970 年初，完成了卫星的总装测试和空间环境试验。为了使人们能在地球上用肉眼看见卫星，设计师采取在卫星与运载火箭分离入轨后，末级火箭也随着卫星在太空运行，并在末级火箭上加上"观测裙"，以提高卫星的亮度；为了让人们能用收音机收到卫星传回的声音，设计师在卫星

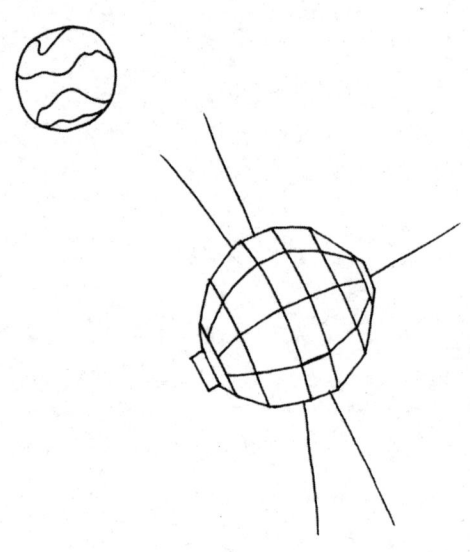

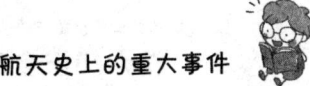

航天史上的重大事件

上装上有《东方红》乐音发生器的转播系统。

1970年4月1日，装载着"东方红"一号和"长征"一号运载火箭的专门列车到达中国西北的酒泉卫星发射中心。4月份的西北戈壁滩上，白天也要穿棉衣，到夜间，裹着皮大衣也感到寒冷。在离地面30多米高的龙门塔工作平台上，科技人员不分白天黑夜，排除一切故障，一次次地测试。

1970年4月24日3时50分，周恩来总理电话告知国防科委副主任罗舜初：毛泽东主席已经批准这次发射，希望大家鼓足干劲，仔细地做工作，要一次成功，为祖国争光。21时35分，卫星发射时刻终于到来了。173公斤重的"东方红"一号随"长征"一号运载火箭在发动机的轰鸣中离开了发射台。21时48分，星箭分离，卫星入轨。21时50分，国家广播事业局报告，收到中国第一颗卫星播送的"东方红"乐音，声音清晰洪亮。

1970年4月25日18时，新华社授权向全世界宣布：1970年4月24日，中国成功地发射了第一颗人造卫星，卫星运行轨道的近地点高度439公里，远地点高度2384公里，绕地球一圈114分钟，用20.009兆周的频率播送《东方红》乐曲。

"东方红"一号卫星升空后，星上各种仪器实际工作的时间远远超过了设计要求，《东方红》乐音装置和短波发射机连续工作了28天，取得了大量工程遥测参数，为后来卫星设计和研制工作提供了宝贵的依据和经验。

"东方红"一号卫星的发射成功使中国成为世界上继苏联、美国、法国和日本之后第五个完全依靠自己的力量成功发射人造卫星的国家。从此，中国正式加入了"太空俱乐部"。

知识链接 >>>

通过研制"东方红"一号卫星，我国建立起了一个比较完善和健全的航天科学技术研究、设计、试验、制造及质量保障和管理体系，锻炼、造就了一支老中青相结合的航天技术队伍。

卫星的"回家路"

通信、导航、气象等卫星在发射入轨之后，便会自始至终飞行在太空中，但侦察卫星、科学实验卫星就不一样了，它们需要将获得的情报、携带的实验品送回到地面。要想让已经飞上太空的卫星"回家"，需要掌握一种比卫星发射更为复杂的技术——卫星回收技术。

回收卫星需要解决四大技术难题。第一，卫星返回之前先要调整飞行状态，即脱离原来的运行轨道。卫星脱离原有轨道的速度叫作再入速度。再入速度与地平线所形成的俯角称为"再入角"。卫星重返地球对再入角

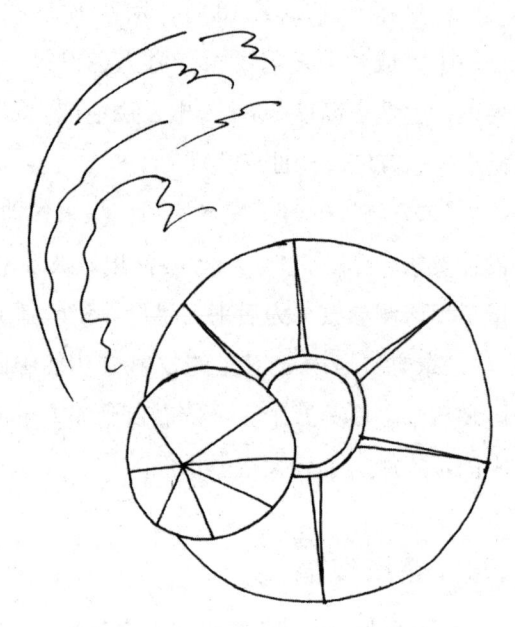

的要求十分严格，一般在3—5度。如果太大，卫星将会陡直地进入大气层，引起较大的空气阻力和摩擦加热；如果太小，则卫星将仍在原轨道上运行。再入速度与再入角都靠一枚小型助推火箭来控制。火箭的点火时间、推力方向、推力大小与时间长短都会影响到再入速度和再入角的准确度。

这就要求有灵敏而可靠的火箭制动发动机。第二，卫星在降落过程中，要摩擦生热。尤其是当它降到离地面60—70公里时，与大气层摩擦产生大量的热能，使其表面发生燃烧。为此，必须采用适当的防热设施，来保证回收舱在再入大气层时能够维持内部的正常温度。这就需要有特殊的耐高温材料。第三，卫星返回地面需要很长的运行区间，必须不间断地对卫星进行精确测量和全程跟踪，并根据实测轨道参数对卫星的程序控制数据进行必要的控制和管理，为此就要建立更大范围、更多功能的地面测控网。第四，卫星降落到离地面10—20公里时，尽管速度已经大大减小，但仍然达到200米／秒左右。如果以这样的速度撞击地面，卫星必然粉身碎骨。因此，必须使用减速伞来再次降低速度。通常先要打开一顶较小的副伞，初步减速；当卫星降落到离地面只有5公里的高度时，再打开主伞，使卫星速度小于10米／秒。降落伞的打开必须非常准时，否则卫星就不能够安全着陆。

早在20世纪50年代末，美国和苏联在突破卫星发射技术后，就开始探索卫星返回技术。中国返回式卫星的研制工作是从1966年开始的。在攻克了卫星姿态控制技术、卫星再入防热技术和卫星回收技术等一道道难关后，1975年11月26日，中国第一颗返回式卫星由"长征"二号运载火箭发射成功。它在轨道上运行了3天，11月29日按预定时间返回了中国大地。一年之后，1976年12月7日，中国第二颗返回式卫星升空，当它绕地球飞行到第四十七圈时，地面遥控站发出姿态调整指令，返回舱和仪器舱顺利解锁分离，制动火箭点火，返回舱按预定轨道踏上返回地面的旅途。再入大气层后，控制器依次发出弹射引导罩、减速伞分离、打开主伞等信号，最后在四川境内预定落区回收。

返回式卫星的成功使中国成为继美、苏之后世界上第三个掌握返回式卫星技术的国家。这项技术在当时可以说是一道世界难题，就是在今天掌握它的国家也寥寥无几。为此，美国曾耗费了12颗卫星失败的高昂代价，苏联也同样支付了13颗卫星的学费，而中国则少得多。

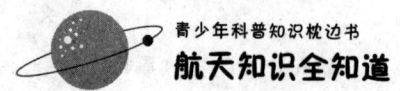

　　我国已成功发射并回收了20多颗返回式卫星,在资源调查、地图测绘、地质调查、铁路选线和考古研究等方面获得了丰富的资料。同时,这些返回式卫星还为国内外用户进行了100多项微重力和空间环境条件下的材料、生命科学实验以及农作物种子搭载等试验,均取得了可喜成果。

太空育种

航天育种是将植物种子或枝芽搭载于返回式航天器,利用太空微重加重离子、多种宇宙射线、大交变磁场和短期过载等因素,使种子基因发生突变,获得高品质的新品种,从而显著提高农作物产量、品质和档次。目前,世界上只有美国、俄罗斯、中国三个国家拥有返回式卫星技术。在太空育种方面,我国走在了世界前列。

利用太空环境研究植物生长发育和遗传变异的工作始于20世纪60年代。我国从1987年8月5日发射的第九颗返回式卫星首次搭载的青椒、小麦、水稻等一批种子起,开始了在太空育种领域的有益尝试。至今,已成功进行了10余次太空育种试验,前后共有70多种植物1000多个品种的植物种子上过太空。

太空育种,培育出了一批新的突变类型和具有优良性状的新品种。太空水稻出现了大穗、大粒、优质、高产的新品系,如经太空诱变育种培育出的"航育"一号水稻新品种株高降低14厘米,生长期缩短13天,增产

5%—10%；再如"华航"一号水稻新品种穗大、粒多、结实率高，可增产10%，亩产达500公斤以上；太空小麦培育出矮秆、早熟、抗倒伏、抗病害、蛋白质含量高的丰产类型；太空青椒枝叶粗壮，果大肉厚，免疫力强，单果重350—600克，单季亩产3500—4000千克，最高可达5000公斤，比普通青椒增产20%—30%；太空黄瓜，藤壮瓜多，瓜体奇大，单果重850—1100克，抗病力强，特别是雌花开得多，是地面瓜秧的1.5倍。虽然它的皮厚了点儿，但瓜肉非常清凉爽口、汁多肉嫩；太空番茄长势尤为喜人，株高茎粗，果穗增多，比常规番茄增产15%以上，最高可增产23.3%；太空樱桃番茄，含糖量高达13%，与柑橘含糖量相当，口感鲜甜，可当水果食用；太空西瓜的显著特点是含糖量达13%以上，可溶性固形物增多，纤维少，个头大，吃起来沙甜可口；太空玉米能结出6—7个玉米，可长出5种颜色，而且味道也比普通玉米好。

地面上普通的青椒、番茄、黄瓜，上天转一遭回来，就摇身一变换了模样。很多人都有些不放心，这些东西能吃吗？

专家普遍认为，太空育种并没有将外源基因导入作物中使之产生变异。作为诱变育种技术，太空育种可使作物本身的染色体产生缺失、重复、易位、倒置等基因突变。这种变异和自然界植物的自然变异一样，只是时间和频率有所改变。太空育种本质上只是加速了生物界需要几百年甚至上千年才能产生的自然变异。太空中宇宙射线的辐射较强，这是植物发生基因变异的重要条件之一。目前，人工辐射育种中的辐射剂量只是国际食品安全辐射量的几十分之一，而太空中的辐射剂量还不到辐射育种辐射剂量的百分之一。宇宙射线引起的基因变异经常会让人想到转基因食品。转基因作物是将外源基因导入植物体内而培育出的新品种，如转基因大豆是将非大豆植物甚至动物、微生物的基因导入而产生的变异。而太空育种则是让作物的种子自身发生变异，没有外源基因的导入。我国颁布的有关转基因安全管理规定中特别排除了对自身通过突变产生的新物种的管理，这也说明太空育种是非常安全的，不用担心其产品的安全性。

太空育种这一选育良种的新手段，具有不可低估的经济效益和社会效益，具有十分广阔的市场。太空种子必将播撒广袤的大地，生产出更多更好的太空食品，给人类带来无限的福音！

知识链接 >>>

正常的农业育种一般需要8年，太空育种可以缩短一半的时间。太空种子在回到地面后要进行第一次试种，然后对每一株进行检测。选择有良好变异的单株进行第二代种植，把性状不好的全部淘汰掉，把好的突变体后代再进行第三代种植。第三代种植后，把最好性状的种子搜集起来种植第四代，以获得稳定的新品种。

高空"谍报员"

20世纪50年代,美苏之间的关系日趋恶化,冷战大幕徐徐拉起,两个超级大国的竞争是全方位的,其中包括太空。因为人造卫星一旦飞腾升天就可以肆无忌惮地飞越对方上空进行高空侦察,获取战略情报。美国之所以在20世纪60年代非常清楚其对手——苏联的情况,靠的就是卫星,它成了名副其实的太空"谍报员"。

1960年8月的一天,美国总统艾森豪威尔在例行的记者招待会上自豪地宣布:美国成功回收了一面由"发现者"13号卫星带往太空飞行后返回的美国国旗,这是人类首次将一个物体送入太空并安全地返回地面。载有这面国旗的卫星返回地面时,溅落在夏威夷西北的太平洋海面。一架美国海军的直升机将国旗取出,送到在附近海面守候的船上。艾森豪威尔在记者招待会上展示了这面国旗,并告诉在场的记者,发射"发现者"13号卫星进入太空,是美国对太空环境进行探测的一项科学研究项目。

所谓"发现者"13号进行太空环境探测,只不过是艾森豪威尔为掩盖此次太空行动所编造的一个谎言。其实"发现者"进行的根本不是什么科学项目,而是一项绝密的间谍卫星计划,它的真名为"日冕"。该计划是由美国中央情报局和空军在严格保密的情况下执行的,"日冕"卫星其实是世界上第一颗间谍卫星,其任务是拍摄并送回关于苏联的照片。

"日冕"是世界上第一颗返回式卫星,它于1959年2月28日完成了首次成功发射,被送入了远地点970公里、近地点160公里的轨道。当时,美国经常派飞机沿着苏联边境侦察,有时甚至冒险越过边境,以探测苏联防空雷达的能力或截获无线电通信情报。但是航空侦察毕竟受限,无法深入苏联的广阔腹地。"日冕"卫星研制成功以后,为窥测苏联的秘密立下了汗马功劳。它自第十四颗卫星开始回收照片,到1972年计划结束为止,共执行了145次任务,其中成功102次,共拍摄了长达64万米的胶片,共计80多万张照片,这其中甚至包括苏联全部的导弹设施影像。

苏联虽然首先发射了世界上第一艘载人宇宙飞船,揭开了载人航天技术发展的序幕,但是在间谍卫星研制方面还落后于美国。1959年美国的间谍卫星升空后,苏联也大大加快了研制间谍卫星的步伐。1962年3月16日,苏联第一颗间谍卫星"宇宙"1号飞上了蓝天,在短短的9个月内,苏联一口气发射了12颗照相侦察间谍卫星,着实使美国谍报部门大吃一惊。截至1982年底,美国和苏联分别发射了373颗和796颗专职间谍卫星,总数达1169颗,这1000余名"超级间谍"在几百公里高的太空中,日日夜夜监视着地球的每一个角落。

间谍卫星也叫侦察卫星,它具有侦察范围广、飞行速度快、遇到的挑衅性攻击较少等优点,苏美两国都对它格外钟情,把它当作"超级间谍"来使用。1973年10月中东战争期间,美、苏竞相发射卫星来侦察战况。美国间谍卫星"大鸟"拍摄了埃及二、三军团的接合部没有军队设防的照片,并将此情报迅速通报给以色列,以军装甲部队便偷渡过苏伊士运河,一下子切断了埃军的后勤补给线,转劣势为优势。在此同时,苏联官员也带着苏联间谍卫星拍摄下来的照片,匆匆飞往开罗,劝说埃军停火。1982年英、阿马岛之战期间，苏、美频繁地发射间谍卫星，对南大西洋海面的战局进行密切的监视，并分别向英国和阿根廷两国提供敌方军事情况的卫星照片。可以说，间谍卫星的数量和发射次数，已经成了国际政治、军事等领域内斗争的"晴雨表"了。

知识链接 >>>

全世界已经发射升空的3000多颗卫星中约有70%是军用卫星，它们除了完成一般意义上的军事通信、导航、气象等任务之外，大多在干着间谍工作，如照相侦察、电子侦察、海洋监视、导弹预警、核爆炸探测等。

中国人的太空"长征"

1971年4月24日,我国第一颗卫星"东方红"一号飞上太空,把它送入轨道的是我国"长征"系列运载火箭的"老大哥"——"长征"一号。在此后的几十年时间里,长征系列运载火箭迅速发展,走过了从常规推进到低温推进、从串联到捆绑、从一箭单星到一箭多星、从发射卫星载荷到发射飞船的技术历程。可以说,长征运载火箭的研制和迅速发展,为中国进入太空开始新的"长征"打开了大门!

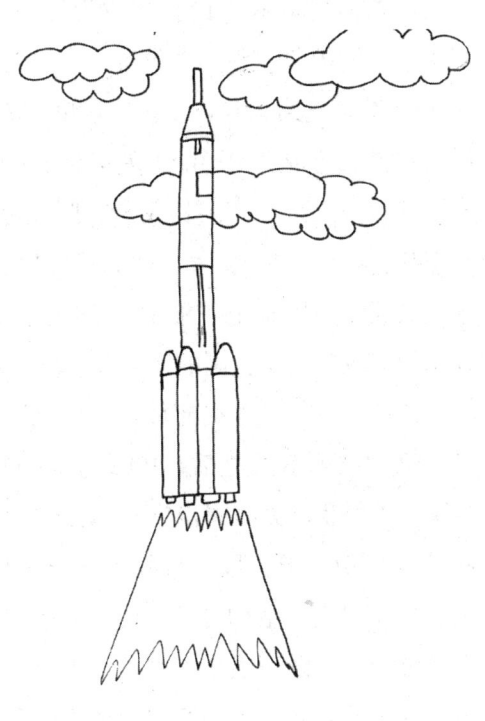

我国的运载火箭是在导弹武器的基础上,根据不同卫星发射任务的需要逐步发展起来的。1970年1月30日,我国第一枚中远程导弹飞行试验取得圆满成功。为了配合第一颗人造卫星的研制,决定利用这种导弹的第一、二级加以改装,再加上新研制的第三级固体燃料火箭,构成我国的第一种运载火箭——"长征"一号。

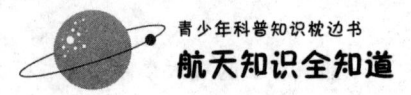

1970年4月24日,"长征"一号成功地将我国的第一颗人造卫星"东方红"一号送上太空。

1971年9月,我国第一枚洲际弹道导弹在西北酒泉发射场首次发射获得成功后,为发射重型返回式遥感卫星创造了必要的技术基础。为此,我国的航天专家对洲际弹道火箭进行了适应性的技术修改,研制成功了"长征"二号运载火箭。它于1975年成功完成了返回式卫星的发射任务。

随着我国通信和广播事业的发展,为了满足把通信卫星发送到与地球同步的地球静止轨道的要求,我国的火箭设计师们又把精力倾注到新型的"长征"三号运载火箭上来,突破了许多技术关键,其中最主要的是解决了第三级采用低温高能的液氢液氧发动机和在高空失重条件下发动机二次启动技术的问题。使我国成为继美国、欧洲空间局之后第三个拥有氢氧发动机的国家。液氢液氧推进剂具有高能、低温的特点,液氢的沸点低达 -253℃,这给材料、工艺、计量、测试等都带来极大困难。仅为解决低温给材料工艺带来的影响,就进行了29项249次试验。发动机二次启动技术目前世界上只有美国和我国掌握。我国是在纬度较高的地区发射地球同步卫星,因此需要在运载火箭到达高真空失重状态下第二次启动第三级火箭发动机,才能把卫星推上36000公里赤道上空的空间轨道。这两项高难技术的突破,表明我国的运载火箭技术跨入了世界先进行列。

在"长征"三号研制成功后,我国又着手研制"长征"四号。在攻克了一系列技术难关之后,1988年9月7日和1990年9月3日,"长征"四号两次发射我国太阳同步轨道"风云"一号气象卫星均获圆满成功。"长征"四号全长41.9米,最大直径3.35米,起飞质量249吨,起飞推力300吨,具有性能优良、结构可靠、成本低廉等特点,由于它配有两种不同直径的卫星整流罩,既可适应不同尺寸的有效载荷的发射需要,也可一箭多星发射,特别是为发射太阳同步轨道卫星和极轨卫星创造了有利条件,从而使我国继"长征"三号之后,又增添了一种具有发射多轨道卫星能力的运载工具。

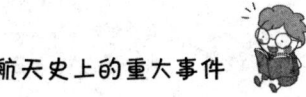

我国的航天工作者们制新一代重型运载火箭系列——"长征"五号,身高56.97米,起飞量为878.56吨。"长征"五号运载火箭于2016年11月3日在海南文昌航天发射场成功首飞。"长征"五号系列火箭是目前中国运载能力最强的运载火箭。

知识链接 >>>

2015年9月20日,"长征"六号运载火箭在太原卫星发射中心成功发射,成为我国新一代运载火箭家族中的首飞箭。2016年6月25日,"长征"七号运载火箭在海南文昌航天发射场首飞成功。"长征"八号运载火箭预计在2019年完成研制、实现首飞。

"亚洲"一号升空记

1986年1月,美国"挑战者"号航天飞机失事。这一重大挫折,使得原计划由航天飞机发射的部分商用通信卫星业务,转而求助于一次性使用的运载火箭。而恰恰就在这个时候,美国的主要运载火箭和欧洲空间局的"阿丽亚娜"火箭又接连出事,使国际商业卫星一时出现排队等待发射的局面,这为中国进入国际市场提供了难得的良机。1988年,香港亚洲卫星公司购买的"亚洲"一号卫星准备让中国的"长征"三号火箭将其送入太空。

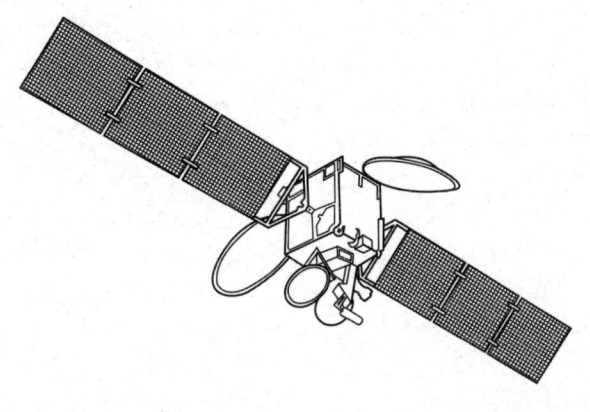

"亚洲"一号卫星的前身是美国休斯飞机公司为美国一家通信公司设计制造的地球静止轨道通信卫星。卫星呈圆柱体,直径2.2米,高6.5米,重1.25吨。1984年2月,美国"挑战者"号航天飞机携带该卫星进入太空。这颗卫星在脱离航天飞机后,卫星上的近地点发动机没有按预定计划点火,因而未能进入预定轨道,发射失败。所幸的是,地面跟踪站监测到并计算出了卫星的具体位置,同时发现卫星的状况良好。休斯飞机公司和美

航天史上的重大事件

国宇航局紧急探讨了回收卫星的可行性，双方一致认为回收这颗卫星是可行的。承保卫星发射的保险商支付了卫星发射失败的保险费之后，拥有了这颗卫星的所有权。在核算了相关费用后，保险商也认为回收这颗卫星在经济上是划算的。于是，保险公司委托休斯飞机公司和美国宇航局共同完成卫星回收任务。1984年11月8日，一架"发现"号航天飞机发射进入太空，用机械手将这颗卫星抓回货舱。11月16日，"发现"号航天飞机安全返回地面。回收的卫星被运送到休斯公司，技术专家组对其做了彻底检查。1985年4月，专家组向保险商提交了一份关于翻新检修及重新发射的建议书。

1988年2月24日，亚洲卫星有限公司在香港成立。亚洲卫星公司决定从保险商手中购买这颗卫星，并将其重新命名为"亚洲"一号卫星。卫星的有关技术参数也根据覆盖亚洲地区的要求做了重新调整和更新。

1989年初，亚洲卫星公司与中国长城工业公司就"亚洲"一号卫星发射服务合同达成一致，1989年1月23日，双方在北京人民大会堂举行了隆重的合同签字仪式。1990年2月12日，"亚洲"一号卫星从美国洛杉矶由包机空运到中国四川省西昌卫星发射中心。

1990年4月7日，分别从北京和香港出发的两架飞机直飞西昌，来自中国各部门的领导和用户代表、保险公司、设备商及媒体代表等集聚西昌卫星发射中心，共同观摩及见证"亚洲"一号卫星发射的历史时刻。由于气象原因，当晚的两个发射窗口均未能满足发射条件。就在第三个发射窗口，也就是最后一个发射窗口出现后，天空放晴，指挥大厅里传出倒计时的声音，北京时间21时30分，"长征"三号运载火箭成功地发射了"亚洲"一号卫星。火箭发射升空后，一、二级火箭先后脱落成功，三级火箭相继两次点火，载着"亚洲"一号卫星在太空飞行。三级火箭工作16分钟以后，星箭分离，卫星进入近地点距地面200公里、远地点距地面36000多公里的大椭圆轨道，从而成功地把我国首次承揽发射的第一颗国外制造的卫星送上了太空。

"亚洲"一号的成功发射标志着我国正式进入国际航天发射市场。

知识链接 >>>

"亚洲"一号卫星进入轨道以后,揭开了亚洲地区卫星通信历史的新篇章。它为在北京举行的第11届亚运会提供了卫星电视转播服务,我国的广播电视行业自此进入了卫星电视时代。2003年4月,"亚洲"一号卫星在让位于性能更加优异的"亚洲"四号卫星后光荣退役。

"神舟"问天

1992年,我国载人航天工程正式立项。航天科技人员仅仅用了7年时间就攻克了三大技术难题——研制大推力火箭、安全返回技术和太空飞行生命保障系统。1999年,验证这一成果的时刻到来了。

1999年11月20日凌晨,在酒泉卫星发射中心新建的载人航天发射场上,高达100多米的发射塔架各层平台陆续打开,露出了运载火箭和试验飞船的雄姿。"长征"二号F型运载火箭昂首挺立,顶部安装着我国自行研制的第一艘试验飞船——"神舟"飞船。

6时30分,随着"点火"口令的下达,运载火箭喷出一团红色烈焰,托举着试验飞船,像一条巨型火龙,呼啸着向太空飞去。

飞行约10分钟后,飞船与运载火箭成功分离,准确进入预定轨道。这是"长征"系列运载火箭的第五十九次飞行,它为我国20世纪的航天发射史册增添了新的一页。

在北京航天指挥控制中心，上百台终端微机的显示屏上跳动着令人眼花缭乱的数字；四个大屏幕显示着试验飞船进入太空的运行状态曲线，三维动画把一组组数字变成形象逼真的图像投影于巨幅屏幕上……"神舟"号升空之后，一场探索太空奥秘的科学试验，在距发射场千里之遥的北京航天指挥控制中心展开了。20日6时30分07秒，就在试验飞船进入苍穹的瞬间，描绘着我国西北地区版图和理论弹道曲线的大屏幕上开始出现一个小小的亮点，标示着船箭实际飞行的曲线与理论运行弧线相吻合，开始向前延伸……来自地面测控站和"远望"号测量船的测控数据，则源源不断地汇聚到指挥控制中心。上百名技术人员目不转睛地监视着荧屏上的一行行流动的数字，飞速敲击着计算机键盘。工程技术人员沉稳地按下了发令键，向飞船发出了入轨指令。轨道专家组综合技术人员的计算结果，确定了轨道选优，表明飞船已经进入预定轨道，指控大厅里爆发出一阵阵热烈的掌声。

当地时间11月20日18时，当围绕地球运行了14圈的"神舟"号试验飞船飞临南大西洋海域上空时，在南大西洋海域待命的"远望"三号航天测量船及时准确地向飞船发出了返回指令。随后，飞船建立返回姿态，制动发动机点火，飞船从宇宙空间开始返回。与此同时，布阵在太平洋上的"远望"一号、"远望"二号以及在印度洋上的"远望"四号船已先后完成了各自担负的测控任务。这时海况突然发生变化，海面上翻腾起高达3米的涌浪，船舷两侧飞溅起高高的浪花。"远望"三号按任务要求的航线劈波斩浪，昂首前行。

18时48分，广播里传来了北京指挥中心指挥调度员下达的"一分钟准备"的指挥口令。船舶顶部巨大的雷达跟踪测量天线徐徐转动，牢牢指向了"神舟"号试验飞船将要飞出地平线的方向。

当北京指挥中心下达的"调姿开始"的调度口令传到船上统一测控系统机房时，显示屏上一串串数字符号在不断跳动，打印机发出有节奏的轻响，有关飞船调姿态、轨道舱分离和返回制动的一系列遥控指令已经顺利地传送到飞船。

航天史上的重大事件

18时58分,"远望"三号船圆满完成了"神舟"号试验飞船最后一个圈次的跟踪测控任务。19时41分,当最后一抹晚霞从西方消失的时候,已是北京时间21日凌晨的3时41分,一直在等候飞船着陆的人们,终于盼来了北京指挥中心发布的飞船成功着陆的消息。船上骤然响起的掌声与欢呼声,伴随着阵阵波涛,在大西洋的上空久久回荡。

北京时间21日凌晨3时多,"神舟"号飞船从无际苍穹犹如被驯服的烈马,脱离原先的轨道、按照航天专家的意愿,向着它的归宿——内蒙古中部地区降落。此刻,内蒙古中部的飞船预定着陆场区,各种测量设备翘首以待,技术人员时刻准备捕获"巡天使者"。"各号注意,飞船进入黑障区。"听到这一口令时,着陆场区所有人的心都缩紧了。此刻,飞船已划过太空,进入距地面只有80公里的大气层,正以每秒约7.5公里的惊人速度与大气层剧烈摩擦,下降至40多公里高度时,船体外部产生等离子壳,形成电磁屏蔽,致使地面与飞船通信暂时中断。

"回收一号发现目标",前置雷达站的报告打破了片刻的沉默,这表明雷达捕捉到了"神舟"号。"神舟"号在下降,"神舟"号穿过黑障区,回收部队在行动,雷达不停地跟踪着,3架直升机在落区上空盘旋。当"神舟"号距地面还有30公里时,操作员果断地向它发出了打开电源开关的指令。喜讯接踵而来——"减速伞分离""主伞全开"。3架直升机根据信标信号飞去。"神舟"号距地面越来越近,在约有1.5米的一刹那,只见船载着陆缓冲发动机同时喷出的烈焰,划破夜空,染红了草原,满载着一系列科学试验数据的飞船,稳稳地落在了大地上。至此,我国第一艘试验飞船——"神舟"号,从发射升空到返回地面,共遨游太空21个小时,获得圆满成功。

作为我国航天史上的又一里程碑,"神舟"试验飞船的成功发射与回收,标志着我国载人航天技术获得了新的重大突破。此后的3年里,"神舟"一号至四号无人飞船试验飞行连续获得成功。发射、返回、测控、环境控制……一项项关键技术陆续突破,为我国实施载人航天打下了坚实的基础。不久,"神舟"五号的成功发射为中国载人航天一期工程画上了一个完美的句号。

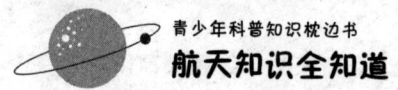

"神舟"飞船自问世以来一直在改进:"神舟"一号是试验型飞船,没有搭载其他设备;"神舟"二号是第一艘正样飞船,各种技术状态与载人时基本一样;"神舟"三号增加了部分载人所需设备和保证航天员安全的逃逸救生功能;"神舟"四号在设备配备和技术上已经达到了可以载人的程度;"神舟"五号是我国第一艘载人飞船。

中国宇航员的诞生

宇航员是指以太空飞行为职业或进行过太空飞行的人。选拔和训练宇航员是一个国家可以独立自主实施载人航天的重要标志之一。我国的载人飞船工程由七大系统组成，其中宇航员系统的任务便是选拔和训练宇航员。

世界上现在只有美国、俄罗斯和我国三个国家能够独立完成宇航员的训练。美国和俄罗斯的宇航员一般是从具有航空飞行经验的试飞员和优秀的空军歼击机飞行员中挑选出来的。这是因为优秀的飞行员熟悉航空飞行技术和理论，具备了学习航天飞行和航天技术的良好基础，特别是飞行员具有很好的身体素质和心理素质，具有在各种紧急情况下冷静果断处理问题的快速反应能力和应变能力。我国的宇航员也是从空军飞行员中选拔出来的。

1995年10月，我国的预备宇航员选拔领导小组从符合基本条件的空军飞行员中进行宇航员初选。这些基本条件包括：有坚定的意志、献身精

神和良好的相容性，身高160—172厘米，体重55—70公斤，年龄25—35岁，歼击机、强击机飞行员，累计飞行600小时以上，大专以上学历，飞行成绩优良，无等级事故，无烟酒瘾，最近3年体检均为甲类。首先，根据档案筛选出1506名符合上述基本条件的飞行员。之后，精选出其中的800余人进行系统体检，最终确定60人到北京进行住院临床复查和特殊功能检查，最后只有20人过了这一关。之后，又对这20人进行家庭医学查访和直系亲属体检，也全部合格。由于受到预备宇航员的名额限制，还须从这20人中好中选优。经过专家们反复研究和挑选，其中12人成为了预备宇航员。此前，为了学习和借鉴俄罗斯宇航员训练的经验，我国曾派两人赴俄罗斯加加林航天中心进行培训。这两人回国后，也加入了预备宇航员队伍。至此，由14名队员组成的中国第一支宇航员队伍登上了历史舞台。

北京航天医学工程研究所专门成立了两个研究室：宇航员选拔训练研究室，负责制定宇航员训练大纲、训练方案和编写训练教材，对宇航员进行训练指导和飞行操作指导；宇航员医学监督和保障研究室，负责宇航员从训练、生活到航天飞行期间，全过程的健康维护、检查、鉴定和治疗。

要完成从飞行员到宇航员的转变，是需要经过千锤百炼的。宇航员的训练项目和内容很多，包括基础理论训练、体质训练、心理训练、航天环境耐力和适应性训练、专业技术训练、飞行程序与任务模拟训练、救生与生存训练七大项目，每一大项里面又包括多项甚至几十项具体项目的训练。14名宇航员虽然都有大专以上学历，但经历过长期的飞行员生活，重新坐下来学习并不是一件轻松的事，加之许多课程非常陌生，困难可想而知。宇航员白天上课，晚上做作业，课余时间也抓紧学习，就是外出疗养也不忘背英语单词。就这样，基础理论学习考试结束后，14名宇航员门门课程都达到良好以上。

飞行员的身体素质都很过硬，但宇航员对体重、耐力、速度、灵活性、柔韧性、肌力等方面有着更高的标准和要求。他们按照训练大纲要求，坚持每周3次、每次2小时的体质训练从不间断。为了控制体重，不少宇航员坚持每天跑5000米。

　　航天环境适应性训练实际上是向人的生理极限挑战。比如，超重耐力训练，要求飞行员在5倍重力加速度的条件下，持续2—3秒，而宇航员却要在8倍重力加速度的条件下，持续40秒；低压缺氧训练，按照相当于每秒15米的速度，迅速提升到5000米的高空，在氧气稀薄的情况下持续30分钟；前庭功能训练，训练中，要求宇航员自旋转、振动或坐在离心机中，用4倍重力加速度转动并突然停止，还要求闭上眼睛转动脑袋。此外，还有失重飞机飞行训练、跳伞训练、航空飞行训练、飞船着陆冲击体验等。

　　2003年7月3日，经载人航天工程宇航员选评委员会评定，14名宇航员全部具备了独立执行航天飞行的能力，予以结业，并获得三级宇航员资格。从此，我国有了第一代宇航员。

知识链接 >>>

　　2009年，我国选拔了第二批预备航天员，共选出男性候选人30名，女性候选人15名。在他们中间最终将选出5名男预备航天员、2名女预备航天员。2010年5月，他们成为了中国第二批航天员，其中，刘洋参与2012年"神舟"九号的飞行任务；王亚平、张晓光参与了2013年"神舟"十号的飞行任务；陈冬参与了2016年"神舟"十一号的飞行任务。

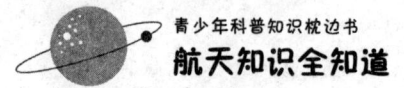

"神舟"五号载人巡天

从1999年开始,我国相继研制并成功发射了"神舟"一至四号无人试验飞船,获得了宝贵的试验数据。2003年,"神舟"五号载人飞船研制成功并在酒泉卫星发射中心发射升空。中国航空航天工作者用自己的智慧和汗水迎来了这激动人心的一刻。

2003年10月15日6时15分,身着银灰色太空服的宇航员杨利伟进入"神舟"五号飞船,坐到了用合成材料特制的座椅上。此时按计划离火箭升空还有2小时45分钟。起飞前,杨利伟在舱内进行各项准备,完成100多个动作。地面指挥控制中心屏幕显示,杨利伟生理参数正常。

2003年10月15日9时整,火箭在震天撼地的轰鸣中腾空而起,急速飞向太空。9时10分左右,飞船进入预定轨道。从这一刻起,杨利伟成了浩瀚太空迎来的第一位中国访客。

9时31分许,停泊在南太平洋的"远望"二号测量船捕获飞船信息。

航天史上的重大事件

"神舟"五号飞船的舱内图像清晰地显示在北京航天指控中心的大屏幕上，杨利伟在与医学监督医生通话时显得相当沉稳，他说："我感觉良好！"9时42分，载人航天工程总指挥李继耐宣布："飞船已进入预定轨道，发射取得成功。"指挥控制大厅内顿时一片欢腾。

10时许，在"神舟"五号飞船进行环绕地球第一圈飞行时，地面指挥人员报告舱内环境正常后，杨利伟得到指令，打开面罩，拿着书和笔，当他松开手时，笔在太空失重环境下立即飘浮起来。

10时31分，"神舟"五号飞船进入喀什测控站检测区域，在接到地面指令后，杨利伟摘下手套，并解开系在膝盖下方的束缚带。在北京航天指挥控制中心的大屏幕上可以看到，杨利伟的动作非常轻松熟练。

10时40分左右，飞船开始绕地球飞行第二圈，通过飞船传回的图像可看到，杨利伟由卧姿改为坐姿，并通过圆形舷窗向外观测。

11时过后，杨利伟开始在太空中进餐。他一边看书，一边用捏挤包装袋的方式享用这顿不同寻常的午餐。据悉，杨利伟的食谱颇具中国特色，包括八宝饭、鱼香肉丝、宫保鸡丁和用中药及滋补品制成的饮料等。

12时左右，杨利伟开始他在外太空的第一次休息。画面显示，仰面躺卧的杨利伟表情沉静，在环绕地球飞行的飞船中，他的这次酣眠持续了约3个小时。

15时52分，北京航天指挥控制中心向杨利伟了解了飞船工作状况和他的身体状况。他向地面报告：航天服气密性良好，飞船工作正常。

15时54分，飞船变轨程序启动，指挥控制大厅右侧大屏幕三维动画实时显示，飞船尾部喷出橘黄色的火焰，加速飞行。很快，飞船又进入了平稳的飞行状态。整个过程中，宇航员杨利伟始终神情镇定。南太平洋上的"远望"二号测量船向北京传来数据，表明变轨圆满成功。

17时26分，中共中央政治局委员、中央军委副主席、国务委员兼国防部长曹刚川在北京航天指控中心与正在太空飞行的宇航员杨利伟进行实时通话。曹刚川说："祖国和人民期待着你的凯旋。"杨利伟浑厚的男中音清晰地回响在指挥大厅中："请首长放心，我一定努力工作，把后续工作完成好，向祖国和人民交一份满意的答卷。"

18时40分许，"神舟"五号飞船运行到第七圈，杨利伟在太空中展示了中国国旗和联合国旗。他在距地面343公里的太空中说："向世界各国人民问好，向在太空中工作的同行们问好，感谢全国人民的关怀。"

10月16日5时35分，北京航天指挥控制中心成功向正在太空运行的"神舟"五号载人飞船发送返回指令。按照程序，飞船将在建立返回姿态后，经过返回制动、轨道舱与返回舱分离、推进舱与返回舱分离等一系列太空控制动作，开始返回内蒙古主着陆场。一分钟后，"神舟"五号飞船轨道舱与返回舱成功分离。返回舱与推进舱轨道高度不断降低，向预定落点返回。飞船轨道舱将留轨工作半年，开展相关的科学实验。

5时38分，"神舟"五号载人飞船制动火箭点火，飞船返回舱飞行速度减缓，轨道高度进一步降低。返回舱向预定着陆场降落。

5时56分，在北京航天指挥控制中心的组织指挥下，"神舟"五号载人飞船返回舱与推进舱成功分离，并成功进入返回轨道。飞船返回舱失去动力后，按照升力控制技术向预定着陆场降落。稍后，布设在新疆和田的活动测量站报告，"神舟"五号飞船进入中国国境上空。

6时04分，"神舟"五号飞船再入大气层。随后飞船处于"黑障"阶段。6时07分，搜救直升机收到"神舟"五号飞船返回舱发出的无线电信号，机上的搜索人员目视到"神舟"五号返回舱。由5架直升机组成的空中搜救分队和14台专用车辆组成的地面搜救分队立即从不同的方向迅速向落点前进。

6时许，杨利伟报告身体状况良好，返回舱引导伞已打开。稍后，杨利伟再次报告身体状况良好。主伞工作正常。稍后，主着陆区直升机驾驶员目视到飞船降落伞，地面搜索人员看到了降落伞，返回舱主伞已脱落。五架直升机跟踪正常。

6时28分，地面搜索人员报告距"神州"五号返回舱落点7.5公里。八分钟后，地面搜索人员找到了"神舟"五号返回舱，航天英雄杨利伟自主出舱。中华民族千年飞天的愿望终于实现了！

航天史上的重大事件

"神舟"五号上天，标志着我们伟大的祖国成为继苏联和美国之后第三个有宇航员进入太空的国家。这是我国日益强大的标志，也是我国将来为世界和平与发展做出更多努力的强大基础。

知识链接 >>>

"神舟"五号长8.86米、重7840公斤。它的返回舱除了搭乘中国飞天第一人杨利伟外，还搭载有一面具有特殊意义的中国国旗、一面北京2008年奥运会会旗、一面联合国国旗、人民币主币票样、中国首次载人航天飞行纪念邮票、中国载人航天工程纪念信封和来自祖国宝岛台湾的农作物种子等物品。

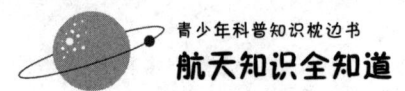

中国人的"第一步"

2008年9月25日傍晚时分,酒泉卫星发射中心的宇航员公寓里气氛庄重热烈。2003年和2005年,我国宇航员杨利伟和费俊龙、聂海胜先后从这里踏上征程,开始太空之旅,两度实现了我国载人航天飞行的历史性突破。今天,我国航天事业又迎来一个历史性时刻,翟志刚、刘伯明、景海鹏三位宇航员将从这里出征,续写我国载人航天事业的新篇章。

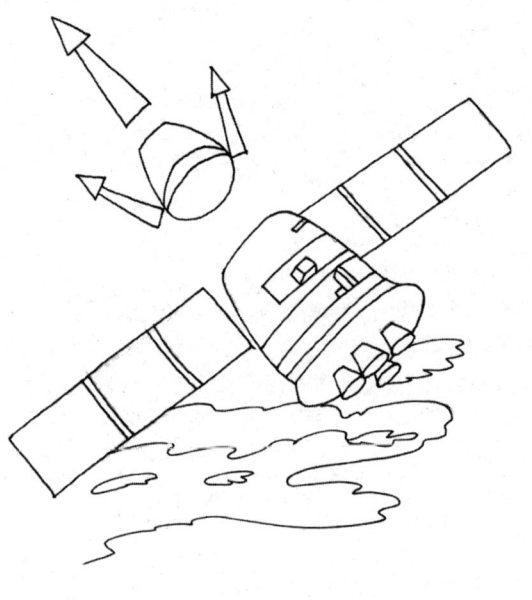

17时30分许,宇航员出征仪式在问天阁举行,随着一声"出发"的命令,宇航员们向送行的人群挥手致意,登车前往发射场,进入飞船作最后的准备。夜幕下,"长征"二号F型运载火箭巍然挺立,直指苍穹;箭体上,鲜艳的五星红旗和"中国航天"4个大字十分醒目。20时10分,距"神舟"七号飞船预定发射时间整整1个小时,宇航员翟志刚、刘伯明、景海鹏进入了"神舟"七号飞船的返回舱。这是"神舟"飞船第一次迎来3名乘客。而且,翟志刚还将进行中国宇航员的首次太空行走。

21时10分,随着一声"点火"的口令,承载着"神舟"七号载人飞船和3名宇航员的火箭,在震天的轰鸣声中腾空而起,巨大的呼啸声骤然而至,似炸雷滚过。"长征"二号F型火箭开始了它的第7次飞行,也是长征火箭家族的第一百零九次飞行。火箭起飞120秒后,逃逸塔分离;138秒,助推器分离;198秒,整流罩分离;578秒,船箭分离……21时19分43秒,"神舟"七号飞船进入预定轨道。

27日13点33分,宇航员出舱开始执行太空行走任务。翟志刚和刘伯明两人开始穿舱外航天服,其中担任出舱任务的翟志刚身着"飞天"航天服,刘伯明则身着俄制"海鹰"航天服。15点40分,两人将舱外航天服逐步加压,而轨道舱则慢慢泄压,直至逐步接近真空状态。16时34分,"神舟"七号飞船运行第二十九圈,零号指挥员下达命令:"我是北京,'神舟'七号开始出舱。"翟志刚抓住头顶上方的气闸舱舱门的扳手,逆时针旋拧。在失重状态下,这个普通的动作做起来非常吃力。翟志刚的动作沉重而缓慢:转动,休息;再转,再休息。舱门打开了一半,又闭了起来!大家的心都提到嗓子眼。"别着急!""再来!"中国航天人在互相鼓励,虽然传来的声音并不真切。16时35分12秒,舱门终于向飞船内侧打开了!太阳的光芒倾泻进舱门。16时41分,这是历史性的一刻!翟志刚先把上半身探出舱外,然后把系在"飞天"宇航服上的红色保险绳挂在飞船外壁的扶手上。到达出舱扶手最上端时,翟志刚转过头对着摄像机挥手,对着守候在屏幕前的全国人民挥手!"'神舟'七号报告,我已出舱,感觉良好!""'神舟'七号向全国人民、向全世界人民问好!""请祖国放心,我们坚决完成任务!"翟志刚的声音洪亮有力。他把两个安全系绳的挂钩全部改挂到右侧的扶手上,全身飘出了飞船。从此,中国成为世界上第三个独立掌握空间出舱技术的国家!

屏幕上,刘伯明半身出舱,把一面五星红旗递给翟志刚。翟志刚挥舞着国旗,向全国、全世界人民致意。16时45分,翟志刚开始太空漫步。太空中第一次留下了中国人的足迹! 在行走中,翟志刚的身体几乎和飞船平

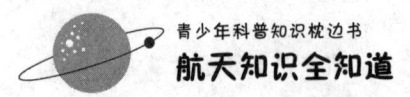

行，他的两只手交替抓着飞船舱外的扶手，支持身体缓缓移动——这和很多人想象中的"太空行走"并不一样，更像是"漂移"。翟志刚把红色的安全绳移到另一侧的扶手上，熟练地取下了安装在飞船壁上的固体润滑材料实验样品，交给轨道舱内的刘伯明。

返回的过程十分顺利，翟志刚移回安全绳，然后把头调整到远离帆板的一侧，在刘伯明的协助下先把腿顺利地伸进轨道舱。之后，他解下系在舱外的安全绳，交给留在轨道舱的刘伯明。地面人员提醒刘伯明："注意保护舱门密封圈。"翟志刚结束太空行走，安全返回轨道舱。17时00分35秒，舱门关闭，出舱活动圆满完成。中国人的第一次太空行走共进行了19分35秒；这段时间，翟志刚与飞船一起飞过了9165公里。

9月28日下午，"神舟"七号完成在轨道上第四十五圈运行后，"远望"三号测控船向其发出返回指令。16点49分，飞船第一次调姿，然后轨道舱与返回舱、推进舱分离。16点51分，制动开始。五分钟后，飞船轨道控制发动机关机，返回制动过程结束，并开始第二次调姿。17点09分，北京飞行控制中心发出落点经纬度预报，"神舟"七号已飞过印度洋上空，向中国内地区域飞来。17点12分，返回舱和推进舱成功分离，并启动第三次调姿。随后，返回舱进入大气层。在返回舱通过黑障区时，人们的担心并没有持续多久。不久，地面测控中心就看到了返回舱的图像。17点25分，"神舟"七号返回舱在巨型降落伞保护下，进入地面搜救人员视野。

2008年9月28日17点38分，"神舟"七号飞船返回舱载着翟志刚、刘伯明、景海鹏3位宇航员在内蒙古草原的秋阳中稳稳落地。作为中国载人航天的又一重大突破，中国人的足迹随着这次飞行留在了茫茫太空。

知识链接 >>>

太空漫步又称出舱活动，是载人航天的一项关键技术。苏联宇航员列昂诺夫于1965年进行了第一次太空漫步；同年美国宇航员怀特也进行美国的第一次太空漫步；中国是第三个独立掌握空间出舱技术的国家。

中国的"天宫"

2011年9月29日在酒泉卫星发射中心成功发射了"天宫"一号,它是中国第一个太空目标飞行器和空间实验室,这标志着中国太空空间站建设计划开启了"三步走"战略的第二步第二个阶段。

中国的载人航天和太空空间站建设计划于1992年正式启动。按照计划,太空空间站建设将分三步进行。首先是实现天地往返。然后是航天员多

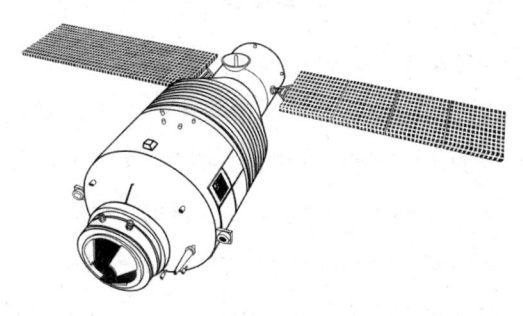

人多天太空行走、飞船与空间舱的交会对接,并发射短期有人照料的空间实验室。最终建设长期有人参与的、规模较大的太空验室,也就是通常所说的空间站。

"神舟"系列飞船的成功发射和返回,杨利伟等航天员完成了天地往返、多人多天和出舱行走等任务。接下来要在太空中实现对接,就要有目标飞行器"天宫"一号了。圆柱形的"天宫"一号飞行器全长10.4米,最大直径3.35米,重8.5吨,包括实验舱和资源舱两部分。实验舱由密封的前锥段、柱段和后锥段组成,在前端安装一个对接机构以及交会对接测量和通信设备。资源舱为轨道机动提供动力,为飞行提供能源。

2011年11月3日和14日,"天宫"一号两次完成了与"神舟"八号的

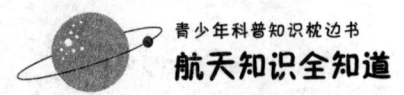

自动交会对接。2012年6月18日和24日，与"神舟"九号成功完成首次载人交会对接和手动控制交会对接。2013年6月13日，与"神舟"十号飞船成功对接。20日上午10点，航天员王亚平在太空面向地面中小学生开展太空授课和天地互动交流等科普教育活动。航天员们还完成了"在轨更换地板""中短期航天员驻留""舱内无线通信"等试验项目和在轨维护，标志着"天宫"一号作为交会对接目标飞行器向空间多用途载人航天试验平台的转变。2016年3月16日，"天宫"一号正式终止数据服务，全面完成了其历史使命。2018年4月2日8时15分左右，"天宫"一号再入大气层，再入落区位于南太平洋中部区域，绝大部分器件在再入大气层过程中烧蚀销毁。

2016年9月15日，"天宫"二号在酒泉卫星发射中心成功发射。它是继"天宫"一号后中国自主研发的第二个空间实验室，其规模与"天宫"一号基本一致，也是一个长期在轨运行、短期载人的飞行器，主要开展地球观测和空间地球系统科学、空间应用新技术、空间技术和航天医学等领域的应用试验。在它上面搭载了空间冷原子钟、空地量子密钥分配试验等14项全新的空间应用载荷设备，还搭载了香港中学生太空科技设计大赛获奖的实验项目。无论从配套设备数量，还是从安装复杂程度，它这次均创造了历次载人航天器任务之最，可以说是中国第一个真正意义上的空间实验室。10月19日，"神舟"十一号飞船与"天宫"二号自动交会对接，航天员景海鹏、陈东进入"天宫"二号。2017年9月12日，它又与"天舟"一号货运飞船顺利对接。"天舟"一号是我国首艘货运飞船，于4月20日在海南文昌发射升空的。根据报道，我国还将在近期发射"神舟"十二号飞船，加快推进载人航天和太空空间站的建设。

我国最终要建设的基本型空间站，计划于2020年左右建成，2022年全面运行。它的规模不会超过国际空间站。基本型空间站大致包括一个核心舱、一架货运飞船、一架载人飞船和两个用于实验等功能的其他舱，总重量在100吨以下。核心舱要有人长期驻守，能与各种实验舱、载人飞船和货运飞船对接。

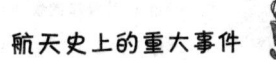

到目前为止，已建成的空间站可分为四代：第一代空间站如苏联建造的"礼炮"1号至5号，主要特点是单模块。第二代空间站如苏联建造的"礼炮"6号、7号，主要特点是单模块，两个对接口。第三代空间站以苏联建造的"和平"号空间站为代表，主要特点是多模块，积木式结构。第四代空间站以美国、俄罗斯、日本、加拿大和欧洲共同建造的国际空间站为代表，主要特点是多模块，桁架结构和积木式的混合结构。

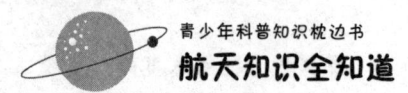

水星"侦察员"

1973年,美国用运载火箭将一个重约525公斤的八面柱体送上了太空。这个八面柱体就是人类向水星派出的第一个侦察员——"水手"10号探测器。

在太阳系的八大行星中,水星最靠近太阳。因为被太阳耀眼的光芒笼罩,所以人们在地球上很难看清它的"本来面目"。随着科学的发展,人们逐渐知道了水星的自转周期与它围绕太阳运行的公转周期相一致,因此水星对太阳就像月球对地球一样,总是以一面朝向太阳。在这一面上,全年都是白昼,没有夜晚。与此相反,在阳光照射不到的水星背面,

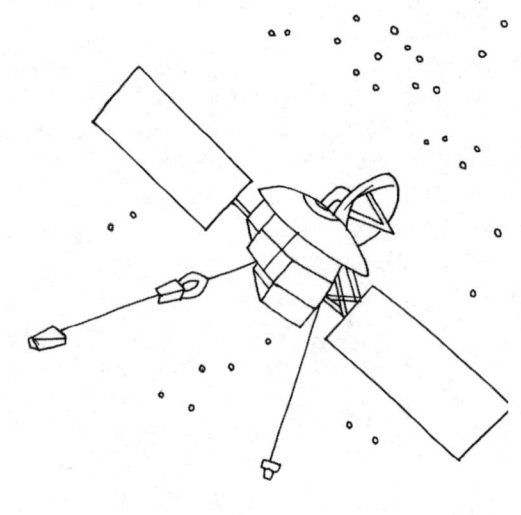

永远是长夜无昼,酷寒难熬,可以冷到-162℃,难怪有人把水星比喻为"冰与火的世界"。

1971年,美国宇航局首次开始计划发射探测器探测太阳系内层的行星。3年之后,水星和金星处于合适的位置上,这个时候用一个探测器就可以很容易地访问它们两个,而且还非常节约成本,于是便有了耗资9800

万美元的"水手"10号探测计划。

"水手"10号是人类设计的首个执行飞越水星和金星两大行星探测任务的飞行器,也是第一个装备图像系统的探测器。装载着紫外线分光仪、磁力计、粒子计数器、电视摄像机等仪器。

1973年11月3日上午12点45分,"水手"10号在美国卡纳维拉尔角空军基地发射升空。1974年2月5日,它从距离金星5768公里的地方飞过,拍摄了几千张金星云层的照片,然后借助金星的引力改变轨道,3月24日,在距离水星538万公里时获得了第一张关于水星的图片。1974年3月29日,"水手"10号在距水星表面约703公里的地方首次掠过,拍摄发回了2300多张清晰的图像,这是人类第一次获得近距离水星的图像。此时"水手"10号已进入一条周期为176天绕太阳飞行的椭圆轨道,这条轨道的周期正好是两个水星年,这使"水手"10号每次回到水星时都是在以前的同一地点,因为"水手"10号每绕太阳一圈,水星正好绕两圈,也就是说"水手"10号可以每隔两个水星年就与水星周期性"约会"1次。

1974年9月21日,"水手"10号第二次经过水星,共发回了750多张有用的图像;1975年3月16日,它第三次从水星上空327公里处经过,共发回了450张有用的图像。此时,"水手"10号耗尽了能使它保持稳定位置的能源,因此无法再对这颗行星作进一步研究了,不过这三次近距离观测已拍摄到了超过1万张图片,涵盖了水星表面积的37%,从这些照片中能分辨出水星表面环形山的结构细节。这些照片使人们首次在很近的距离上看清了这颗行星的真实面貌。

科学家对"水手"10号拍摄发回的水星表面照片进行分析后,初步揭开了它的面纱:水星直径4849.6公里,约为地球直径的38%,是八大行星中最小的。但水星的密度很大,仅比地球略低些,在太阳系中位居第二。

虽然"水手"10号拍摄到了水星表面的37%,但是这还不能满

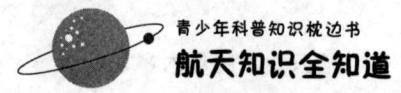

足于人类对水星的进一步了解和研究。1994年,美国宇航局正式启动行星探测"发现计划",这是一个行星探测系列项目,其中包括"信使"号水星探测飞船。2004年8月3日,"信使"号升空,2011年3月18日进入水星轨道,2015年4月30日(美国东部时间)以撞击水星的方式结束其探测使命。

"伽利略"号探索木星

1610年的一个星空之夜，伽利略从他手工制造的世界第一台天文望远镜里看到了闪烁于遥远天际的木星以及浮动于这个天体周围的四颗大卫星。400年后的今天，可以告慰这位伟大天文学家的是，以他的名字命名的航天探测器即将飞往木星深处，向人类报告迄今还是个谜的有关这颗太阳系中最大行星的各种细节。

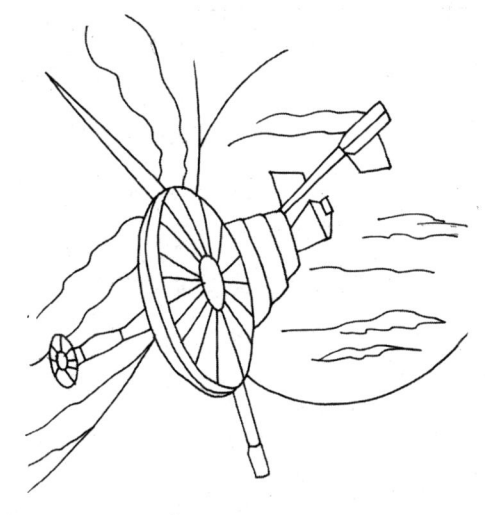

20世纪70年代末，"旅行者"号对于木星及其卫星的探测虽取得巨大成功，但科学家对木星的许多奇异现象依然困惑不解，如木星的大气运动为何异常剧烈，会在短期内发生巨大变化吗？木星的大红斑为何会以如此快的速度旋转？木星内部流出的能量为什么会大于入射的太阳光？木星怎么会有那么强的磁场？还有木星的4个"伽利略"卫星是木星16个卫星中最大的4颗，也是太阳系中比较大的卫星等，人们极想对它们有更深入的了解。因此，美国决定施放一颗以探测木星及其"伽利略"卫星为主要目的的宇宙探测器，并取名为"伽利略"号。

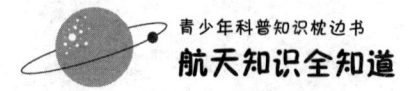

"伽利略"号探测器总重2550公斤,是一艘核动力宇宙飞船,造价高达15亿美元。它由轨道飞行器及其所携带的木星大气探测器两大部分组成。前者在木星的椭圆轨道上执行探测任务;后者则深入木星大气层深处探测大气层的成分和物理特性。为此,它们分别携带了不同的探测仪器。

"伽利略"号原定于1986年5月采用航天飞机加"半人马座"火箭的发射方式,即航天飞机将探测器投放出机舱后,用"半人马座"大推力液体火箭加速探测器飞往木星,大约在太空飞行两年后即可到达木星。但"挑战者"号航天飞机失事,迫使美国重新审定航天飞机的安全性,决定放弃原定的"半人马座"计划,代之以安全性更好的一种固体燃料火箭,但由于这种火箭的推力比"半人马座"要小得多,这样不得不变更原先直接飞往木星的路线,而采用一种借力式的迂回轨道,即首先向太阳方向飞去,一次飞越金星,两次飞越地球上空,然后借力加速再飞向木星,如此一来,固体火箭推力不足的问题虽得到补偿,但到达木星的时间就要大大延迟了。

1989年10月18日,两度推迟发射的"伽利略"号终于由"亚特兰蒂斯"号航天飞机发射升空。当晚7时13分,"亚特兰蒂斯"号顺利地释放出"伽利略"号飞船及其推进器。至此,"伽利略"号踏上了为时6年、行程约38亿公里的漫长征途。

1990年2月9日,"伽利略"号从金星云层1600公里上空飞过,记录到金星大气中雷的发生。它利用金星重力加速度加速到每小时14290公里,然后沿着一条更大的绕太阳运行的轨道前进,并逐渐向地球靠拢。同年12月8日,借助地球引力,使运行速度提高到每小时127100公里,在此期间,"伽利略"号不但从大西洋955公里的上空飞过,拍摄了大洋洲和南极洲的照片,还成功地绘制出了精确的月球背面地图。

1991年10月29日,"伽利略"号从小行星伽斯帕拉斯上空1600公里附近飞过,成功地拍摄到历史上第一批近距离小行星的照片。1992年12月,"伽利略"号再次与地球相遇,从地球南大西洋上空302公里附近飞过,得到加速后飞行速度达到每小时140300公里。从此,它正式踏上飞往木星的征途。

在飞往木星的途中,"伽利略"号幸运地用偏振光辐射计、CCD摄像

航天史上的重大事件

机和近红外摄像分光计分别记录了"苏梅克—利维"9号彗星于1994年7月16日撞击木星的世纪天文奇观。

1995年7月13日,"伽利略"号按预定计划施放了木星大气探测器。大气探测器独立飞行8200万公里后,以每小时17万公里的速度冲入木星大气层,在极强烈的狂风、湍流、高温、高压和剧烈摩擦的恶劣环境下,顽强工作了75分钟。与此同时,"伽利略"号继续它驶向木星的长途跋涉,途中克服了种种艰难险阻,终于在1995年12月抵达木星附近。此后的7年多时间里,它绕木星运行34周,与木星主要卫星35次相遇,发回了1.4万张照片。

在完成了人类有史以来最成功的行星探险任务之后,"伽利略"号船龄已高而且燃料也剩不多了!在这种情况下,如果再让"伽利略"号运行下去,那么它的运行轨道会发生变化,很有可能与木星的卫星木卫二相撞。探测结果显示,木卫二的冰冻表面下可能存在着海洋,它也许是太阳系中最有可能存在地球外生命的地方之一。而"伽利略"号上可能有来自地球的微生物。因此,"伽利略"号与木卫二相撞可能会导致来自地球的微生物在木卫二上立足,这种情况将会影响未来在这颗卫星上寻找其本土生命。为了避免此类情况的发生,美国宇航局决定在"伽利略"号燃料未完全用尽、还能控制运行轨道之时,让它葬身于木卫二之外的其他天体上,这个"安葬地"最终定为木星。2003年9月21日下午,"伽利略"号撞向了木星,为它长达14年的太空之旅画上了句号。

知识链接 >>>

"伽利略"号在太空中共飞越了46亿多公里,比原定计划要长得多。另外,它的终结日期也比预计的晚了6年。作为人类用来监测木星的眼睛和耳朵,"伽利略"号的惊人发现是木星的卫星"欧罗巴"上可能具有类似地球的海洋,这激发了人们对这个星球上存在生命的猜想。

太阳"侦察员"

20世纪60年代以来，世界各国相继发射了几十个专为探测太阳用的人造天体，使人类对太阳有了较多的了解。但这些人造天体都是在位于太阳中部的黄道平面内运行，所以无法从正面考察太阳极区。于是，美国宇航局和欧洲空间局联合研制了一颗最新型的太阳"侦察员"——"尤利西斯"号太阳探测器，准备让它在黄道平面垂直运行，也就是围绕太阳两极作南北绕转，使科学家能全方位地观察太阳两极。

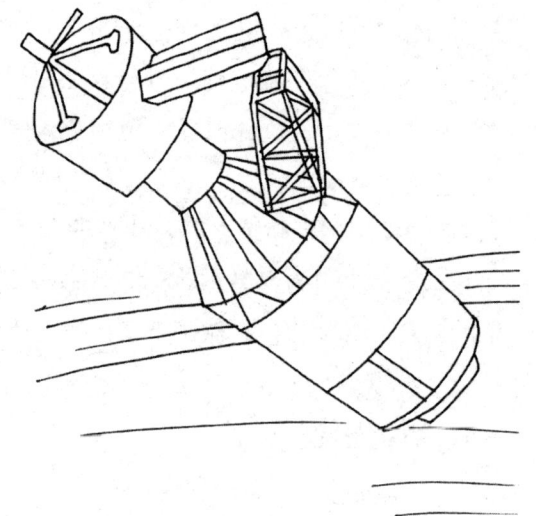

"尤利西斯"号要想进入垂直轨道飞行，必须具备比"第三宇宙速度"还要快得多的速度，人造天体要想达到这个速度就必须"借力"。那么，怎么借力、借谁的力呢？早在20世纪70年代，宇航科学家们就已经研究出一种叫"引力支援"或称"引力跳板"的技术，就是：当一颗人造天体飞至某行星附近时，在一定距离上，受该行星的引力吸引，如距离适当，其飞行速度会突然增大，大大提高这个飞船的飞行速度，也就是可以借助行星的引力增大速度。这种"借力"技术，大大帮助了人造天体的航行。20年来，已有多艘行星际探测器利用这种巧妙的跳板，从一个轨道跳到另一个轨道。

科学家们决定让"尤利西斯"号借助于太阳系最大的木星的强大引力提速。他们为这位太阳极区"侦察员"设计了一条巧妙的路线：它离开航天飞机母舱之后，立即与太阳背道而驰，直向木星奔去。经过16个月的长途航行，到达木星的最佳"借力点"——离木星42.8万公里处，突然扭转方向，垂直地把航行轨道偏90度，绕过木星北极，转到背面，再拐向南方，这样就进入了垂直于黄道面的平面。这时，它的飞行方向不仅转了90度，而且速度可递增到每秒126公里，即每小时45.4万千米！然后它再绕一个大圈，飞向太阳南极上空，成为第一颗人造太阳垂直行星。

1990年10月6日，"尤利西斯"号太阳探测器船由美国"发现"号航天飞机在太空成功施放。离开航天飞机后，"尤利西斯"号经16个月的航行，于1992年2月到达木星"借力点"；然后沿垂直轨道航行两年零3个月，于1994年5月25日到达太阳南纬70度上空，用4个月时间在南极上空飞行、考察，其中在1994年7月到达太阳最高点，开始向北飞行然后于1995年2月初，它在距太阳2.2亿公里上空，从南向北跨越太阳赤道；1995年5月26日飞抵太阳北纬70度地区上空，也用4个月时间探测、考察北极地区，于1995年7月飞越北极最高点，9月再飞到北纬70度上空飞离北极区。

"尤利西斯"号的设计服役期限仅为5年，但它却围绕太阳执行了18年任务，创下了人类观测太阳最长时间的纪录。由于燃料开始冻结，2009年6月30日，这位功勋卓著的太阳"侦察员"按计划完全关闭了信号发射器，地面控制人员此后便失去了与它的联系。尽管已经被"冻死"在太空，今后无法再传回数据，但"尤利西斯"号依然会绕着太阳继续运转，会持续数百年之久。

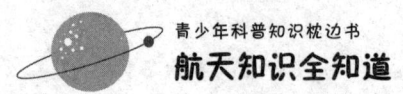

"尤利西斯"是一名希腊神话人物奥德修斯的拉丁文名字。《荷马史诗》中的奥德修斯历尽10年艰辛返回故国,成为名垂史册的英雄人物,而被冠以英雄之名的这位太阳"侦察员"也凭借它的赫赫战功,成就了科学探索史的一段传奇。它对太阳的探测被认为是20世纪末最重要的一次宇航活动。

"奥德赛"的火星之旅

火星是太阳系里唯一和地球类似的星球，让人类产生过无限遐想。近半个世纪以来，人类已向火星发射了30多艘无人飞船对它进行详细的研究，这其中就包括现在还在执行任务的美国"奥德赛"火星探测器。

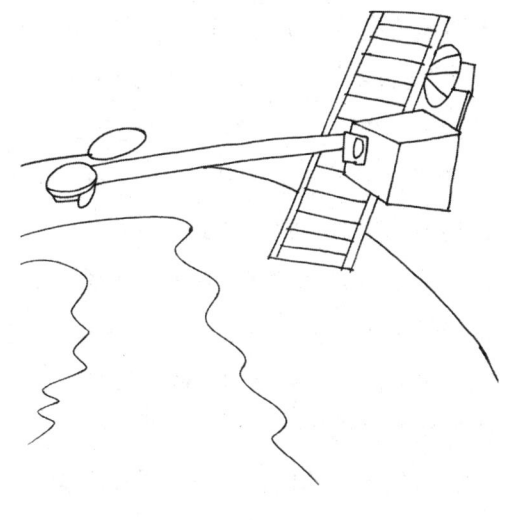

人类使用空间探测器进行火星探测的历史几乎贯穿整个人类航天史。几乎就在人类刚刚有能力挣脱地球引力飞向太空的时候，第一个火星探测器也开始了它的旅程。最早期的探测器几乎都失败了，而火星探测也就是在一次又一次的失败中不断前进。进入20世纪90年代以后，美国为进一步弄清火星情况，接连向火星发射探测器。1999年9月23日，美国又发射了"火星气候"飞船，因工程师混淆了英制和公制的计量单位，致使该飞船在火星上空坠毁。不久后，美国的另一艘飞船"火星极地登陆者"在着陆时，因下降过程中登陆器的腿误伸开，由此产生的虚假信号造成了登陆器已经登陆的假象，结果当登陆器还在火星上空时，

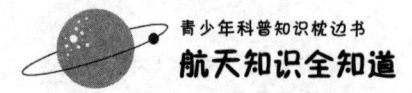

就过早地关闭了发动机,致使其坠落在火星上。之后不久,美国宇航局研制了一个新的宇宙探测器——"奥德赛"。

吸取了前两次失败的教训,美国宇航局对"奥德赛"的发射异常认真,增加了检查人员,反复核查问题,消除一切可能的故障。他们为此花费1200万美元重新检查了可能导致飞船坠毁的2200个操作过程。为了确保成功,美国宇航局还撤掉了原本与它同行的火星登陆器,把火星登陆器推迟两年发射。"奥德赛"花了3年时间才研制成功,发射总价值高达2.97亿美元,飞船本身价值为1.51亿美元。

2001年4月7日上午11点02分,重达758公斤、大小如同一辆小轿车的"奥德赛"从美国佛罗里达州卡纳维拉尔角发射场发射升空。大约1小时后,位于澳大利亚的"深空网络"工作站就接收到了它发出的第一个信号,信号表明探测器状态正常。又过了半个小时,火箭以4万多公里的时速脱离地球轨道,稳步飞向火星轨道。

"奥德赛"以每秒5.907公里的高速,在经过大半年的星球旅行后靠近了火星。在距离火星轨道约1547公里处,探测器上的发动机自动点火,使它的速度减少到了每秒1.420公里。2001年10月24日上午11时,美国宇航局喷气喷射实验室内的空气凝固了,屋里的人或者目不转睛地盯着控制台上暗绿色的荧光屏,或者死死地盯着墙上的投影大屏幕,大家的耳朵全都竖了起来,生怕漏过了从那遥远的星空传来的天籁之音。当实验室的广播器中传出一个兴奋的声音:"2001火星'奥德赛'探测器顺利完成首轮绕火星轨道飞行任务,信号正常!"时,整个实验室沸腾了。工程师、科学家们纷纷从各自的监控台位上蹦了起来,拼命地鼓掌,相互拥抱,兴奋地相互祝贺。

"奥德赛"号从2002年3月开始对火星进行测绘。但在连续工作一年半多之后,"奥德赛"号火星探测器上的一台辐射测量仪不幸成了太阳风暴的牺牲品,于2003年10月底完全停止了工作。不得已之下,美国宇航局启动了"奥德赛"的备用操作系统。但到了2006年3月,备用操作系统上的一个配电组件也出现了毛病。2009年3月,科学家们对"奥德赛"执行

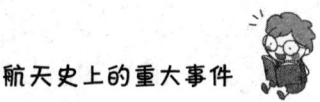

航天史上的重大事件

了"关闭"和"重启"指令,排除了故障。目前,"奥德赛"号仍然在执行着火星探测任务。

知识链接 >>>

继"奥德赛"之后,美国于2003年6月发射"火星探测流浪者"号探测器,其携带的"勇气"号火星车在火星表面成功着陆,超期服役数年后于2009年3月22日失去联系。2008年美国"凤凰"号探测器成功登陆火星,后失去联系。2012年8月,美国宇航局首辆核动力火星车"好奇"号在火星成功着陆。

"炮轰"彗星

随着人类对各种天体认识的不断深入,科学家们发现,彗星可能是由冰和岩石组成的松散"脏雪球",其中很有可能保持着46亿年前太阳系形成时期原始物质的结构和状态,到底是不是这样呢?进入21世纪以后,美国决定实施"深度撞击"计划,"炮轰"一颗叫作"坦普尔"1号的彗星,以揭开彗星的真实面目。

"深度撞击"计划是从科幻故事得到启示的。30多年前,英国科幻作家阿瑟·克拉克创作《2001》的科幻作品,萌生了"撞击彗星"的创意。1998年好莱坞拍摄了科幻电影《深度撞击》,影片描述一艘美国太空飞船奉命前往轰炸一颗威胁地球的巨型彗星,以防止它与地球相撞带来毁灭性灾难,从而演绎了一幕幕惊心动魄的故事。美国宇航局不仅从这些科幻故事得到启发,还采纳了其中一些创意。经过不断改进、完善,最终制定了这次策划周密的庞大太空活动计划,计划的名就叫"深度撞击"。

航天史上的重大事件

美国为什么单单选择"坦普尔"1号彗星作为人类"炮轰"近地小天体试验的首选目标呢?这颗1867年被德国天文学家坦普尔发现的彗星,在火星和木星之间围绕太阳的椭圆轨道运行,彗核自转周期约42小时,绕太阳运行一圈需5.51年。正因为它回归周期短,人类发现它迄今至少回归26次,对其轨道特征、自转特征比较熟悉,人类才首选它作为"炮轰"彗星试验目标。

2005年1月12日,"深度撞击"彗星探测器发射升空。它由两部分组成,一是飞行器,负责提供动力并携带有诸多科学仪器;二是用来轰击彗核表面的撞击器,体积相当于一台普通家用冰箱,重近400公斤。

在太空飞行了近6个月之后,美国东部时间7月3日凌晨2时7分,肩负重大使命的"深度撞击"号探测器释放的撞击器以大约每小时3.6万公里的速度,在距地球约1.3亿公里处,勇敢地向"坦普尔"1号彗星冲去,伴随着一道炫目强光,美国宇航局喷气推进实验室立刻成了欢乐的海洋,为这一时刻等待6年之久的科学家们热烈地鼓掌、欢呼,无比兴奋和激动。经过日后的详细分析,这些科学家认为,"深度撞击"撞出了四大"发现"。第一个发现是"坦普尔"1号的彗核是分层的,彗核表面覆盖着10多米深的细粉状物质,其下是较硬的"彗核之核"。彗核的平均密度比水还轻,它外表的细粉,是多年以前就存在或是逐年累积的,这证明彗核的内部含有太阳系初期的原始物质。第二个发现是彗核在飞近太阳时会喷发,特别是彗核表面朝向太阳的那部分,会经常有小规模的喷发。但太阳辐射的热量不会对彗核内部的物质产生影响。第三个发现是"坦普尔"1号的彗核尽管很小,却有多种地貌,既有光滑平坦的部分,也有类似环形山的坑洼,这表明在"深度撞击"之前,这颗彗核就已经常被太空中更小型的天体撞击。第四个发现是彗核内部存在大量含碳和氮的有机分子,而彗核表面的粉状物中却没有这些物质,这说明它们存在于表层下较浅的部位,在受撞击或热影响时才喷发出来。此外,它还表明,在彗星和小行星撞击频繁的地球早期阶段,彗星有可能把最早的有机物带到地球上。

这四大发现为人类探索太阳系诞生初期的物质形态、地球上水的来

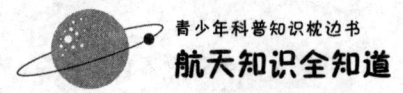

源以及地球生命起源等一系列长期困扰科学界的问题，带来了大量"太空资料"。

彗星是太阳系中一种特殊的小天体，它们不像八大行星那样沿着相对"固定"的轨道绕太阳运行，其质量很小，拖着长长的、别致的"尾巴"，绕太阳在扁平轨道上运行。40%的彗星运行有周期性，称周期彗星，回归周期为几年、几十年、几千年，周期更长的甚至10万—100万年才偶然接近太阳一次。

航天史上的重大事件

撞击月球

美国于 2005 年用航天探测器撞击彗星之后，便开始策划撞击月球，他们把撞击月球的时间初步定在了 2009 年。不过这次美国没有抢到先机，欧洲空间局于 2006 年率先完成了"炮轰"月球的壮举，担负这项任务的是"智慧"1 号月球探测器。

早在 1994 年，欧洲空间局就提出一项月球探测计划——"欧月 2000"计划。该计划的目标是研制、生产一个小型月球探测器和着陆探测器，为以后

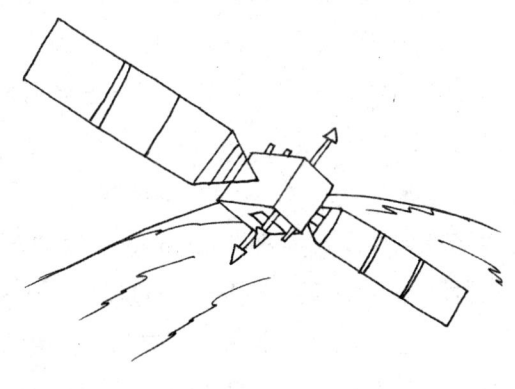

的月球探测提供安全着陆所必需的地形地貌知识。着陆器的预定着陆点是位于南极地区的一座山峰附近。欧洲空间局将利用这一地区几乎能够受到太阳光永久照射的优点，开展各种月球探测活动。遗憾的是，"欧月 2000"计划因为资金不足而被取消，但欧洲空间局并没有因此放弃探月的打算，之后他们决定研制"智慧"1 号月球探测器。

2003 年 9 月 28 日，法属圭亚那库鲁航天中心传出震耳欲聋的轰鸣声，"阿丽亚娜"5 型火箭搭载着"智慧"1 号发射升空。"智慧"1 号是一个重约 370 公斤，长、宽、高各约 1 米的立方体。别看它不起眼，但欧洲人

却为之感到自豪：它不仅使欧洲成为继苏联、美国和日本之后第四个向月球发射探测器的地区，而且也是人类进入21世纪以来进行的第一次探月活动。

经过长达14个月的飞行，"智慧"1号于2004年11月接近月球，2005年3月进入预定的月球轨道，每5小时绕月球飞行一周。"智慧"1号的任务是利用携带的多光谱微型相机、月表红外探测器、X射线成像仪等先进仪器，拍摄月球表面的详细照片、确定月球土壤的化学成分和在月球表面寻找可能存在的水源。

2006年6月，在"智慧"1号的推进剂即将耗尽之前，欧洲空间局决定让其选择适当的时机和地点撞击月球，以验证月球是否形成于天体碰撞之中。据科学家推测，在地球还是"婴儿"的时候，曾经有一个和火星差不多大的星球撞击过地球，月球就是由那次撞击后产生的碎片形成的。如果情况确如科学家推测的那样，那么月球的含铁量将会比地球低，而镁和铝这样的轻元素的含量则会高一些。科学家希望"智慧"1号的撞击将带回这个问题的答案。

2006年9月3日5时42分22秒，"智慧"1号以每小时7200公里的速度勇敢地撞向科学家事先选定的月球卓越湖地区。"智慧"1号在月球表面"弹跳"几次之后，砸出一个直径3—10米、深约1米的坑，然后弹起并滑行了一小段距离，带起一条宽约5公里的月球尘埃带，形状宛如蝴蝶的翅膀。这个奇特的"蝴蝶翅膀"被太阳光直接照亮，天文爱好者用天文望远镜甚至双筒望远镜就能观测到。受欧洲空间局的邀请，多个地面国际天文台都加入了这次联合观测行动。

过去所有的月球探测器都是在月球赤道区域着陆，探测范围也多局限在这些区域。而"智慧"1号环绕月球极地轨道飞行了2000多圈，绘制了月表整体外貌图，其中包括过去人们不甚了解的月球背面和极地概貌。它让科学界发现了月球极地及赤道区域存在许多不同的地质构造，而且在靠近月球北极的地方有一个"日不落"区域，这个区域终年都有阳光照射。

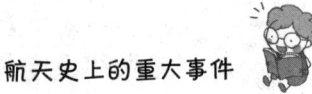

　　人类在开展无人月球探测时采用了不同的方式，包括掠月探测、硬着陆探测、绕月探测、软着陆探测、自动取样返回探测等。"智慧"1号撞击月球属于其中的硬着陆探测，但它是通过精确的控制和复杂的变轨，在预定地点进行的。

意义非凡的金星探测

金星是天空中最亮的星星，人们曾猜测这个体积、形态与地球非常相似的"姐妹星"诞生时的环境与地球也是一样的，而且也有可能出现过生命。后来，天文学家用射电望远镜第一次测出金星表面温度可能达到300℃以上，这个结果令许多人震惊，有人甚至怀疑是不是仪器出了毛病。为了弄清金星的真面目，从20世纪60年代初开始，苏联、美国相继发射了探测器，拉开了金星探测的序幕。

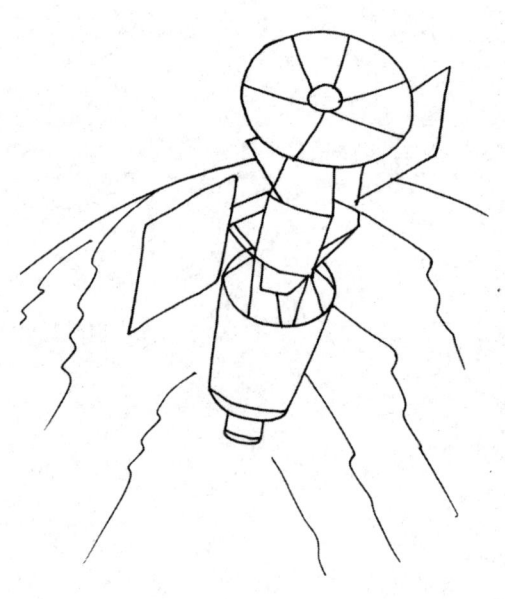

1961年2月12日苏联"金星"1号探测器发射上天，开始对浓云密雾包围的金星进行探测，至1983年，一共发射16个金星探测器。美国则紧跟苏联的步伐，从1962年至1973年共发射了10个"水手"号金星探测器；1978年5—8月，又发射了2个"先锋"号金星探测器；1989年5月，"亚特兰蒂斯"号航天飞机又把一个"麦哲伦"号探测器送上了金星轨道。

各种探测器对金星进行现场考察以后,遮盖在金星表面的面纱已经逐渐揭开了。金星没有磁场和辐射带,其大气的组成和地球截然不同:地球大气以氮、氧等气体为主,二氧化碳很少;在包围着金星的大气中,97%以上是二氧化碳,此外,还含有少量的氮、氩、一氧化碳、水蒸气及氯化氢等。金星大气中的二氧化碳能让阳光通过,照到金星表面,却不让热辐射返回太空,产生"温室效应",使金星表面处于高温状态。金星表面的温度高达465℃以上。温室保护罩的作用还使金星上的昼夜温差很小,基本上没有昼夜、季节和地区的差别。金星表面的大气密度比地球上的大50倍。地球海洋平面的气压是一个大气压;金星表面的气压大到90个大气压,相当于地球上海洋深处900米左右所受的压力。金星上空闪电频繁,每分钟达20多次,常常是电光闪闪,雷声隆隆。苏联的"金星"12号1978年12月21日在下降到金星表面的过程中,仅仅在从11公里高空下降到5公里的期间,就接连记录到1000次闪电。有一次特别大的闪电竟持续了15分钟。金星表面的风速大约为每秒2—3米,由表面到高空,风速逐渐加大,到50—70公里的高空,风速达到每秒100米。更惊人的是,在离金星表面30—88公里的空间,密布着一层有腐蚀性的浓硫酸雾!种种迹象表明,这个现代天文学家称为"太阳系中的地狱"的金星绝对不能是地球的孪生姐妹,它上面不存在任何液态水,没有任何类似地球上的动植物存在,连任何生命的形式都没有。

进入21世纪以后,地球上由二氧化碳等温室气体造成的"温室效应"越来越明显,环境温度日渐升高,这一现象引起了科学家们的注意。有科学家认为,地球的"温室效应"尽管不会变得像金星那么恐怖,但却仍然在朝着这一方向发展。对金星的恶劣环境进行研究,将有利于人类解决全球变暖问题。

2005年11月9日,欧洲空间局的"金星快车"探测器启程前往金星,它的主要任务就是对神秘的金星大气层进行更精确的探测,分析其温度以及化学成分。此外,探测器还将就太阳风对金星大气和磁场的影响进行分析并观测金星气候变化,以求全面了解金星异常恶劣气候的成因,从而避

免地球陷入同样的气候灾难之中。

2006年4月,"金星快车"进入了环金星轨道。这时,它与地球的直接距离为1.2亿公里,与金星的最近轨道距离为400公里,每9天环绕金星一圈。现在,"金星快车"还在执行着它神圣的使命。

2009年,科学家们在"金星快车"为金星南半球绘制的地图上发现了一种年代久远的花岗岩。由于花岗岩的形成与水以及板块构造息息相关,科学家据此推测:金星上曾经有过海洋,而且发生过板块移动,这些特性与地球十分相似,因而对金星进行研究有着深远的意义。

进军冥王星

冥王星是 20 世纪人类唯一没有探测过的"九大行星"之一。因此，在 21 世纪的深空探测中，冥王星成为了科学家们最感兴趣的一个探测目标。有意思的是，就在美国宇航局发射了"新地平线"号冥王星探测器后没多久，冥王星就"降格"为矮行星了。

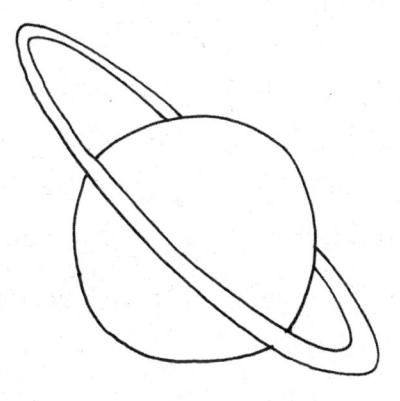

冥王星位于太阳系边缘的柯伊伯带，距离地球约 60 亿公里。因为冥王星太小等原因，天文学家们一直在为它的"地位"争论不休。1930 年美国天文学家汤博发现了冥王星，当时他估错了冥王星的质量，以为冥王星比地球还大，所以命名为大行星。经过近 30 年的进一步观测，科学家们发现它的直径只有 2300 公里，比月球还要小。当冥王星的大小被确认时，"冥王星是九大行星之一"早已被写入教科书了。然而冥王星是一个异类，它个头太小，轨道太扁，有时竟跑到海王星轨道的内侧，而且轨道平面相对于地球轨道平面有很大的倾斜，不像其他行星轨道基本上与地球轨道位于同一平面上。这些特征使冥王星的行星地位很不稳定。此外还有 3 颗类似冥王星的天体一直未确认行星地位，其中一颗是 1978 年发现的"卡戎"。起初，它被看作是冥王

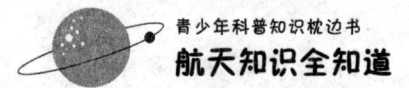

星的卫星。冥王星的质量大约只有卡戎的10倍，如果冥王星继续坐在第九大行星的交椅上，包括卡戎在内的三颗行星的"名分"如何处理，以后再发现这类天体又如何处理，都成了摆在天文学家面前的难题。是否要给冥王星"正名"成为了2006年8月召开的国际天文联合会第26届大会上争议的焦点，为此，与会的天文学家们进行了行星定义的表决投票，最终使冥王星从九大行星中出局，与"卡戎"等三颗行星一道被认为是"矮行星"。而这时，美国的"新地平线"号探测器已经在飞往冥王星的路上了，它的任务之一便是获取冥王星及其"卫星"卡戎的地质构造、地表土壤结构、大气成分及大气温度等信息，从而揭开它们的身世之谜。

"新地平线"号长2.1米，重量接近1吨，它是2006年1月19日由美国"宇宙神"运载火箭发射升空的。这枚"宇宙神"运载火箭前所未有地捆绑了5个固体燃料推进器，推动力非常强劲，使得"新地平线"号成功与运载火箭实施分离之后，时速已经高达5.8万公里，成了迄今为止人类发射的速度最快的太空飞行器。

尽管飞行速度极快，无奈地球与冥王星之间相隔太远，所以"新地平线"号此行仍需要至少9年半时间才能到达目的地。为了尽可能节约能量，"新地平线"在大部分飞行时间里都将处于"休眠"状态，每个星期向地球发送一次信号，"汇报"其状况。地面上的科学家将每年唤醒它一次，对其设备进行检查。

北京时间2015年7月14日，"新地平线"号飞掠冥王星，并测得冥王星直径约2370千米，卡戎直径约1208千米。2016—2020年，"新地平线"号探测器在柯伊伯带中穿行，近距离探测何伊伯带天体。

知识链接 >>>

柯伊伯带是太阳系内结构最为庞大的小行星系统，约有50万颗小行星，还有大量的岩石和冰态物质，有些是太阳系在46亿年前形成之初的残留物质。科学家希望通过研究这里的天体，发现太阳系的演化过程。

寻找外星人的"先驱者"

偌大的宇宙空间,除地球上有生命和人类文明以外,是否还存在"外星人"和地外文明?关于这个问题,一直存在着两种截然不同的意见。一种意见认为,太阳系有行星和生命,宇宙中像太阳这样的恒星和像太阳系这样的星系有许许多多,不可能仅在地球上才拥有生命。持反对意见的论点也极简单,地球上的智能生物是经过40亿年连续不断的进化"突变"诞生的。要将这个过程再重复一次的概率几乎等于零,因此宇宙不存在外星人。为了弄清这些问题,美国率先派出了一个"特使"到浩瀚的宇宙空间去寻找自己的伴侣,它就是"先驱者"10号行星探测器。

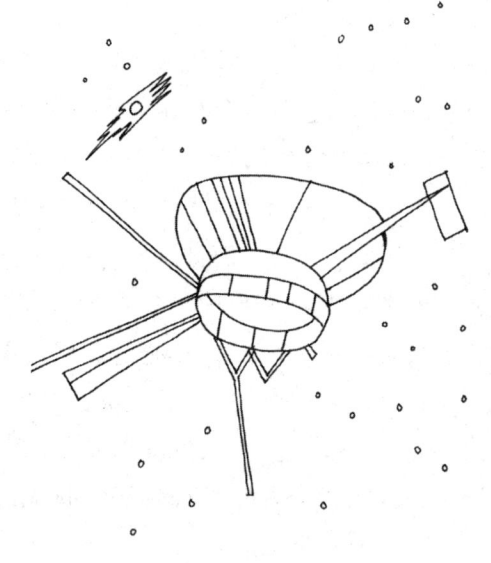

"先驱者"10号于1972年3月2日先踏上了征途,经过1年零9个月的长途跋涉后,它穿过危险的小行星带,闯过木星周围的强辐射区,于1973年12月3日与木星相会。它飞临木星时,沿木星赤道平面从木星右侧绕过,在距木星13万公里的地方穿过木星云层,拍摄了第一张木星照片,进行了十多项

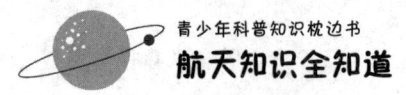

实验和测量，并向地球发回第一批木星资料，为揭开木星的奥秘立下了头功。

1976年，"先驱者"10号掠过土星轨道。1979年又飞过天王星轨道。1983年6月它飞过海王星轨道。1989年5月，它飞过冥王星轨道，带着给外星人的"礼品"——"地球名片"，向银河系漫游而去。

"地球名片"是一块长13.5厘米、宽7.5厘米的镀金铝板，上面记载着有关地球在宇宙中的位置和探测器建造、发射时间的信息。其中，太阳的位置是用它与14颗脉冲星的相对位置关系来表示的。铝板上还绘有太阳系的图案，太阳与当时的九大行星按由内向外的顺序画出，圆圈的大小代表星体的相对尺寸。从左数第四个小圆圈发出的曲线表示"先驱者"号探测器的太空旅程航迹：由太阳系的第三颗行星——地球出发，绕过第五颗行星——木星，向太阳系外飞去。最后，铝板上还刻有地球上裸体男女的形象，男人举起右手表示向外星人致意。在他们身后，是相同比例的"先驱者"号飞船的轮廓。这张"地球名片"的用途非常明显：期望宇宙中能有高智能生物截获它，并从这些图像和符号上得知银河系中的太阳系内有一个地球，地球上有生命存在。特殊的材料和加工工艺可以保证这张名片在星际空间中暴露数亿年而不变形、不变质。

2003年，高速飞行了30年的"先驱者"10号发出的信号需要11个多小时才能到达地面，而且信号已经极其微弱。考虑到巨大的花费和发回的科学数据越来越少，2003年2月26日，美国宇航局宣布，由于"先驱者"10号的能量几乎已经耗尽，科学家已经不再指望和它取得任何联系。

预计"先驱者"10号将在大约200万年后抵达著名的黄道十二星座之一——金牛座。其实，200万年里人类早就可以找到办法超越"先驱者"10号了，但它在科技史上的意义却永远无法被超越。

知识链接 >>>

1973年4月5日，美国又发射了一颗携带着一张"地球名片"的行星探测器——"先驱者"11号。它在探测了土星之后，于1989年与"先驱者"10号一起飞离太阳系。现在，"先驱者"11号与地球的联系也已中断。

星际"旅行者"

"先驱者"号探测器升空5年之后,美国宇航局又发射了比"先驱者"号大三倍而且更加先进的"旅行者"号探测器,它们的任务同样是探索行星、探测星际空间,寻找地外文明。

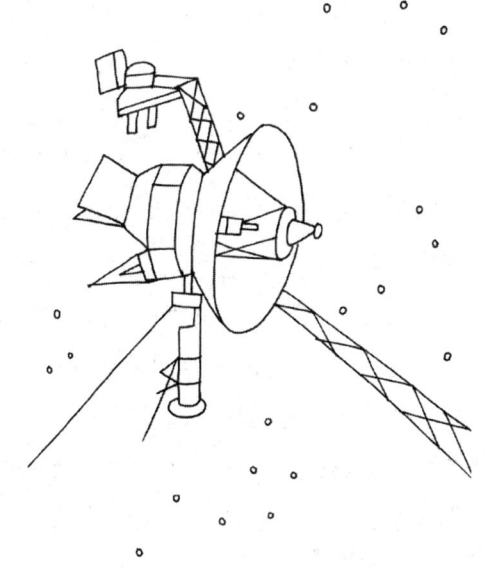

"旅行者"号包括"旅行者"2号和"旅行者"1号,它们分别发射于1977年8月20日和9月5日。虽然"旅行者"1号的发射时间晚于"旅行者"2号,但100天后,它就超过了"旅行者"2号,先行飞往木星。

1979年3月5日,"旅行者"1号在距木星27.8万公里处传回第一批木星彩色照片,发现木星有厚30公里、宽5800公里的光环,有长3万公里的极光。"旅行者"1号还就近探测了木星的前5颗卫星,发现木卫一有9座喷发的火山,是火山活动最剧烈、最频繁的天体;并发现了木卫十四、土卫十五、土卫十六3颗新卫星。

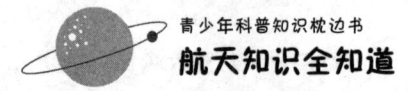

1980年11月,"旅行者"1号在距土星124公里处掠过土星,自动发回了1万多张关于土星以及它的环和卫星的彩色照片和各种数据,其中一些新发现使科学家们大吃一惊。过去认为土星的六条光环整齐匀称地展现在宇宙空间,通过这次"旅行者"1号的实地探测,发现它比原来所知道的要复杂得多。在它的环平面内有数百条,甚至数千条大小不等的环。另外,科学家还发现,土星的卫星土卫六不像过去人们认为的那样是太阳系里最大的卫星,它的直径只有4828公里,而木星的卫星——木卫三的直径是5150公里,所以土卫六只好退居第二。土卫六是太阳系中目前所知的唯一有大气的卫星,过去认为其大气主要是由甲烷组成的,而这次发现,组成土卫六大气的主要是氮,约占98%,甲烷还不到1%。

在先后探测了木星和土星后,1988年11月,"旅行者"1号开始飞离太阳系,进入广阔的宇宙空间遨游。

"旅行者"1号上除了携有科学仪器外,还携带了一张被称为"地球之音"的铜质磁盘。它其实就是一个留声机唱片,并配备一个内藏的留声机针。这个磁盘是在1977年"旅行者"1号发射前装载的,其用意是让外星生命偶然发现这个人造工艺时,能够收到来自地球人的问候。磁盘中的内容除了用象形文字显示的播放方法外,主要包括用55种人类语言录制的问候语和各类音乐。这些语言包括古代美索不达米亚使用的阿卡得语等非常冷僻的语言。其中英语语言的问候语翻译成汉语是:"行星,地球的孩子向你们问好。"当时的联合国秘书长瓦尔德海姆的声音也录在了磁盘上面。此外,磁盘上面还有美国前总统卡特的一份书面问候,内容是:"这是一份来自一个遥远的小小世界的礼物。上面记载着我们的声音、我们的科学、我们的影像、我们的音乐、我们的思想和感情。我们正努力穿过我们的时代,进入你们的时代。"磁盘上还有一个90分钟的声乐集锦,主要包括雷声、海浪撞击声、鸟鸣等自然界的各种声音以及27首世界名曲,其中包括中国京剧和古曲《高山流水》,另外,磁盘上还有115幅影像,包括太阳系各行星的图片、人类的性器官图像及说明等。

1998年,"旅行者"1号越过了美国宇航局于1972年发射的"先驱者"10

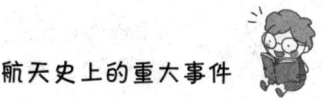

号探测器,成为距地球最远的人造物体。此外,它还是飞行速度最快的人造天体。这是因为自升空以来,它曾几次受惠于引力加速。如今,"旅行者"1号已经达到了第三宇宙速度。

2009年2月1日,"旅行者"1号离太阳的距离约为162亿公里,正处于被称为"日鞘"的区域。北京时间2014年9月13日,美国宇航局宣布37年前发射的"旅行者"1号探测器已离开太阳系,飞向别的恒星。作为首个冲出太阳系的人类制造的飞行器,它在人类的航空航天史上具有里程碑意义。

知识链接 >>>

虽然"旅行者"1号的设计使命仅为5年,但在航行30多年后它状态仍然良好。科学家认为它在2020年前仍然能继续提供足够与地球联络的电力。

功勋卓著的"旅行者"2号

"旅行者"2号是早于"旅行者"1号发射的一艘行星及星际探测器。与"旅行者"1号一样,它也携带了一张"地球之音"磁盘,而且也担负着探测木星和土星的任务。不同的是,"旅行者"2号在探测完木星、土星后,还要探测天王星和海王星,帮助人类揭开这两大行星的奥秘。

"旅行者"2号于1977年8月20日发射,两年后,它考察了木星,1981年8月又探测了土星。在太空中飞行8年零3个月后,"旅行者"2号于1986年1月24日到达天王星附近,开始用它携带的各种现代化科学探测仪器,对这颗神秘的大行星进行了人类有史以来首次近距离考察。

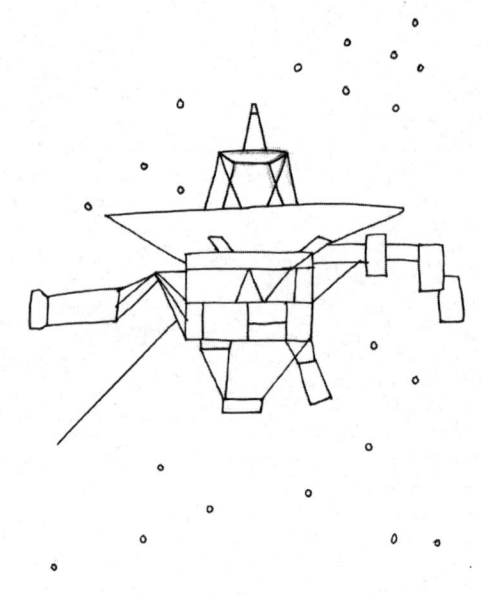

天王星是天文学家发现的第一颗大行星。1781年,英国的业余天文学家赫歇耳在用自制的15厘米反射望远镜作巡天观测时,意外地发现了它。在这以前人们一直认为,太阳系除地球之外,只有金、木、水、火、土五

大行星。从那以后205年过去了,天文学家坚持不懈地观测天王星,但是收效很小。这主要是因为,天王星离地球太远了,大约29亿公里,即使用最大口径的望远镜,也只能看到一个淡绿色的小圆面。因此,多少年以来,科学家一直盼望着有一天能借助太空探测器对天王星进行考察。

"旅行者"2号没有辜负天文学家的期望,它拍摄了大量的天王星及其卫星的特写照片,第一次把神秘莫测的天王星一览无余地展现在了世人眼前。

长期以来,天文学家一直对天王星的比重感到疑惑。天王星的体积是地球的64倍,而质量只是地球的14.6倍,也就是说天王星的密度不到地球的1/4。这是怎么回事呢?科学家根据"旅行者"2号发回的数据资料分析,认为天王星上有大量的气体,而这些气体只有彗星上才存在。于是天文学家们推断,天王星是由几百万个彗星组成的一个巨大方块。而地球却是由铁石组成的,所以密度比天王星大得多。天王星的表面覆盖着什么?这也一直是个谜。现在科学家们发现,天王星的表面覆盖着深达几千公里的海洋。因为彗星主要是由冰块组成的,冰块在冲撞时产生的高温,又使冰块融化成高温的水,同时天王星外面还包围着几千公里厚的大气,在巨大的大气压力下,水虽然温度很高,却没有沸腾。通过以往的地面观测,天文学家发现天王星有5颗卫星,而这次"旅行者"2号又发现了15个!

结束了对天王星的探测以后,"旅行者"2号又按照预定计划飞往海王星。经过长途跋涉,1989年8月25日,"旅行者"2号从距海王星4800多公里的最近点飞过海王星,前后共发回6000多张照片。这是人类有史以来从最远距离接收来自另一颗遥远行星的照片。由于与地球的距离太远,信号从海王星发回地球,以每秒30万公里的光速传输,也要花4小时零6分钟的时间。这些信号到达地球时已经非常非常微弱,美国宇航局仅靠一座直径60米的巨型天线无法接收到它的信号,需要把设在四大洲上的38座巨型天线连成一个超级天线阵,才能捕获到它微弱的信号。这些信号经过计算机处理,转换成图像显示在荧光屏上,人们才能观看其壮景。

"旅行者"2号将所拍图像发回地球,地面收到这些实拍图像时正好是

晚上9时的黄金时间，美国公共广播电视网为了让广大观众目睹海王星的神秘世界，破天荒地转播了"旅行者"2号从72亿公里之遥发回的一幅幅神奇的照片，270多万电视观众坐在家里欣赏了海王星及其8颗卫星和5条光环的生动画面。整个实况转播历时7个小时，来自7个国家的130位科学家也同时在宇航局的荧光屏上收看了这一盛况。

完成海王星探测以后，"旅行者"2号还飞向海王星的卫星海卫一进行了考察，发现海卫一的确是太阳系中唯一一颗沿行星自转方向逆行的大卫星，也是太阳系中最冷的天体。它比原来想象的更亮、更冷、更小，表面温度为-240℃，部分地区被冰和雪覆盖，时常下雪。上面有3座冰火山，曾喷出过冰冻的甲烷或氮冰微粒，喷射高度有时达32公里。海卫一上到处都是断层、高山、峡谷和冰川，这表明海卫一上可能发生过与地球类似的地震。

"旅行者"2号探访行星的任务结束以后，也跟"旅行者"1号一样，携带着"地球之音"磁盘，离开太阳系，飞向茫茫的宇宙。如今，它与"先驱者"10号、"先驱者"11号、"旅行者"1号一起负载着冲出太阳系的任务，希望能在飞行过程中碰到外星智慧和生命。

知识链接 >>>

2007年8月30日，"旅行者"2号飞船在离地球85个天文单位处进行了就地直接观测，这是人类历史上第一次传回太阳系边缘的信息。随着"旅行者"2号的继续探索，越来越多的太阳系奥秘将被人类揭示。

未来的航天猜想

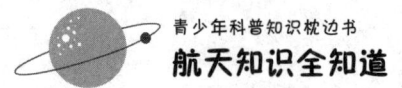

未来的"空天飞机"

航空和航天是两个不同的技术领域,但随着科学技术的进步,科学家们正在逐步把航空和航天飞行器朝着有机地结合成一体的方向推进。近年来,世界上出现了一种将航空和航天技术结合在一起的飞行器方案,这就是空天飞机。

1986年2月4日,也就是"挑战者"号航天飞机失事一个星期后,美国宣布研制航空航天飞机"东方快车",以逐步取代航天飞机。顾名思义,空天飞机是一种集飞机、运载器、航天器等多重功能于一身,既能航空又能航天的新型飞行器,其奥妙之处在于它的动力装置。这种动力装置既不同于飞机发动机,也不同于火箭发动机,这是一种混合

配置的动力装置。空天飞机安装有涡轮喷气发动机、冲压发动机和火箭发动机。涡轮喷气发动机可以使空天飞机水平起飞,当速度超过每小时2400公里时,就使用冲压发动机,使空天飞机在离地面6万米的大气层内以每

小时3万公里的速度飞行；如果再用火箭发动机加速，空天飞机就会冲出大气层，像航天飞机一样，直接进入轨道。返回大气层后，它又能像普通飞机一样在机场着陆。

空天飞机作为一种高超音速运输机，具有推进效率高、耗油低、载重量大、飞行时间短等优点，是实现全球范围空运的一种经济而有效的工具。例如美国正在开发的新型空天飞机，在有人驾驶时，它能在普通机场水平起飞，然后在大气层内飞行。按照此时的飞行速度，从美国纽约飞往日本东京只需2小时；它还可以在地球大气层外的轨道飞行，飞行速度为25倍音速，仅需90分钟就能绕地球一周。除了用作常规的民航机外，这种空天飞机还可代替现有的航天飞机进行太空飞行。其起飞重量不到第一代航天飞机总重的1/5，也就是约500吨，而运载能力则提高了两倍多，可达60吨以上，这样就可大幅度降低航天运输费用。另外，空天飞机还具有重要的军事价值，可作为战略轰炸机、战略侦察机和远程截击机使用，这对进一步发挥战略空军的作用具有重要意义。

据估计，在未来航天时代，为了开发和利用太空资源，世界各国向太空运送人员、物资和器材的任务每年将达到数千次之多，空天飞机一旦投入使用后将立即显现出其优势。

航天飞机运送每公斤有效载荷进入地球轨道的费用达11607美元，而空天飞机的预计运输费用至少可降到目前航天飞机的1/10，甚至可降到1%。另外，空天飞机的发射费用也要比航天飞机低很多，这主要是因为它不需要专门的发射场，而且可以重复使用。预计第一代空天飞机可以重复使用200—500次，而且完成一次飞行任务后，经一周的维护就能再次起飞，能适应频繁发射的需要。

空天飞机可能成为21世纪最先进、最经济、最有效的航天运载工具，它将代表着今后数十年内航天运载技术的发展方向。相信在不久的将来，人类就可以方便快捷地进入太空，到那个时候，"登天"就不再是难事了。

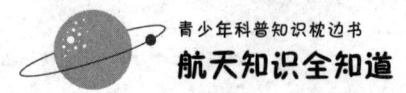

目前设想的空天飞机有单级型和两级型这两类。单级型以英国的"霍托尔"为代表。它长162米,水平起落,发射费用为航天飞机的1/5。两级型空天飞机以德国研制的"桑格尔"为代表,它由驮运飞机和轨道器组成。发射时,驮运飞机飞30公里以后,轨道器上的火箭点火,速度加到更大。

太空之帆

1969年7月,当3名美国宇航员乘坐"阿波罗"11号宇宙飞船实现具有历史意义的登月之旅时,20多米高的运载火箭共携带了2500吨燃料。为了摆脱庞大的运载工具,长期以来,人们一直设想开发一种以阳光为能源的航天器——"太阳帆"飞船。

著名天文学家开普勒在400多年前就曾设想不需要携带任何能源,仅仅依靠太阳光能就可使宇宙飞船驰骋太空。20世纪初,几位科学幻想小说家曾写过有关用反射镜面推动宇宙飞船的故事。但太阳帆飞船这一概念到20世纪20年代才明晰起来。1924年,苏联航天事业的先驱齐奥尔科夫斯基和同事灿德尔明确提出了利用太阳帆进行星际航行的设想。此后,许多科学家作了长期探索,直到70年代后期,美国和苏联才提出太空帆设计方案,开始考虑用光能推动航天器。

我们知道,光是由没有静态质量但有动量的光子构成的,当光子撞击

到光滑的平面上时，可以像从墙上反弹回来的乒乓球一样改变运动方向，并给撞击物体以相应的作用力。因为在太空中运行的航天器处于失重状态，又无空气阻力，所以只要加少许力的作用，就会改变航天器的运行方向和速度。太阳帆接受光压的作用，不仅可以在需要时改变航天器的运行轨道，而且将以每秒约1毫米的加速度加速移动。如果把它当作真正的宇宙飞行器使用，那么按理论计算，在展开光帆1天后，它的时速将提高到160公里，100天后飞船的时速将达到16000公里，如果它能持续飞行3年，速度会被提升到每小时24万公里，这可是人类任何飞行器都没有达到过的速度，要比第二宇宙速度快6倍，比第三宇宙速度快4倍！如果用它来探测冥王星的话，可以在不到5年的时间里到达，而最快的传统飞船至少需要9年。

1976年，美国喷气推进实验室的科学家提出建造一艘太阳帆飞船，与1986年返回太阳系的哈雷彗星相会。但美国宇航局认为这一方案面临的风险太大，并没有同意这个建议。1999年和2001年，俄罗斯也曾两次发射太阳能飞行器，但均以失败告终。

但科学家们对太阳帆宇宙飞行器的研究并未终止。2005年6月22日，备受瞩目的全球第一个太阳帆宇宙飞行器——"宇宙"1号要进行一次全新的尝试了。当日凌晨4时46分，"宇宙"1号从位于巴伦支海的俄罗斯核潜艇上顺利升空，踏上了遨游太空之旅。在发射最初的6分钟，地面接收到的信号表明飞船一切正常。根据预定计划，"宇宙"1号在发射升空后，首先被送入距离地面824公里的轨道接受地面控制人员的各类测试；然后，它将历时101分钟环绕地球飞行一圈；此后，地面控制人员将发出无线指令，要求"宇宙"1号开始展开八面巨大而轻盈漂亮的太阳帆。就在人们还沉浸在喜悦的气氛中时，15分钟后突然传来一个不幸的消息："宇宙"1号与地面失去了联系。

2010年5月日本宇宙航空研究开发机构研发的"伊卡洛斯"号太空船升空，并于2011年1月完成全部实验项目。

宇航专家们坚持认为，太阳帆飞船能靠阳光漫游太空，不需携带燃料

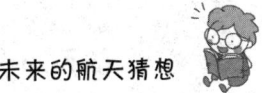

并能一直加速，是未来唯一可以送人类到达遥远的太阳系外星系的航天器。

知识链接 >>>

宇航专家们预测，未来的太阳帆飞船将依靠绕地球轨道运行的一台强力激光器和一个置于土星和海王星间的巨型聚焦透镜提供能量，以1/10光速的速度飞行，在40年时间内到达距地球最近的阿尔法半人马座恒星。此后，借助另一颗恒星发出的光继续飞行。

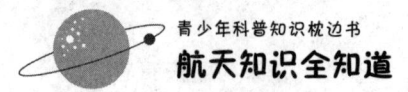

人造"天梯"

1910年，灿德尔提出了一种空间升降机的设计方案，用一根近6万公里长的绳子从月球伸到地球，人们可以沿这条绳子运送货物，就像用索道运送货物一样；1978年，著名科幻作家阿瑟·克拉克出版了科幻巨著《天堂之泉》。他设想从位于地球静止轨道上的一颗卫星上向下伸展出一个梯子，直达地球赤道表面，人们即可像乘坐电梯一样到太空中去游览观光并运送货物；21年后的1999年，美国宇航局发表了《天梯：太空的先进基础设施》一文，标志着"天梯"将从幻想走向现实。

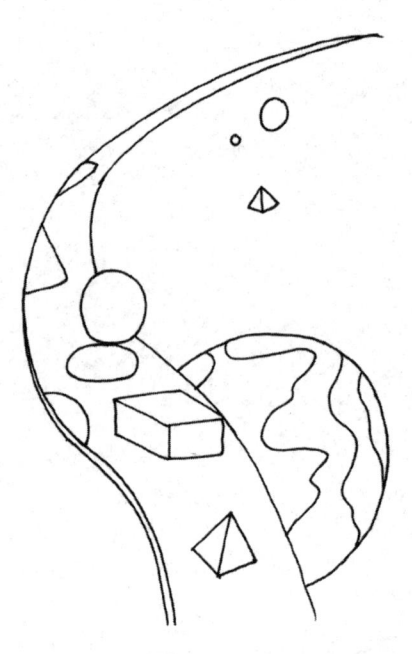

2004年6月30日，在华盛顿召开的第三届国际天梯会议上，专家们对天梯这一宏伟构想进行了探讨。时隔仅仅9个月，2005年3月23日，美国宇航局正式宣布太空天梯已成为世纪挑战的首选项目。以研究天梯而著称的美国科学家爱德华兹在论文中写道："天梯可以使人类历史实现跳跃性的发展。"他认为自己构想中的初版天梯可能在2019年问世，其成本大约为70亿—100亿美元，与人类其他大型太空工程相比，这项费用并不算太高。

爱德华兹是这样描述天梯的建造过程的：第一步，把一个携带天梯半成品的飞船或航天飞机发射到地球静止轨道上，使其和地球同步飞行；第二步，把这个半成品的天梯从飞船上放下来，落到赤道海面的一个平台上，这个平台类似一般的海上发射卫星的平台；第三步，把半成品的天梯锚定在平台上；第四步，用一个由激光提供能量的爬升器在这个半成品的天梯上上下移动，并把更多"缆绳"拧在天梯半成品上，进一步完成天梯。

计划是制订出来了，可用什么材料来制造既要异常坚硬又要特别轻巧，而且还能抵抗所有腐蚀的"缆绳"呢？1991年，日本科学家发明了纳米碳管，这种材料的重量虽然是钢的六分之一，但韧度要比钢高出几百倍，问题是生产成本太高。2004年，英国科学家宣布，他们成功地用纳米碳管组成的纤维织成了"纳米绳"。因纳米碳管的直径是一根头发直径的1/5000，其刚度是钢材的10倍，其硬度是金刚石的两倍，所以"纳米绳"虽然很细，但刚度和硬度都很大，将来可用于建造太空天梯。

我们知道，航天器围绕地球飞行而掉不下来的速度是随着距离地面的高度而变化的。轨道高度越低，地球引力就越大，所需要的飞行环绕速度也就越大，反之亦然。如果天梯上每一点线速度所产生的离心力都小于当地的地球引力的话，就无法与地球引力相平衡，最终整个天梯只能是连同飞船一块回落到地面上。如何才能防止天梯掉下来呢？办法就是从地球静止轨道的飞船上再向上建造一个上天梯，使其产生的离心力合力能够平衡下天梯受到的地球引力的合力。上天梯的受力情况正好与下天梯相反。它上面每一点获得的线速度都大于当地需要的环绕速度，所产生的离心力都大于当地的离心力。沿着上天梯向上走，点的位置越高，线速度越大，产生的离心力随之增大，而地球引力却越来越小。这就使上天梯受到一个向上的合力。当这个向上的合力与下天梯受到的向下的合力相等时，整个天梯就能悬在太空，以与地球自转相同的速度旋转，而掉不下来了。

美国宇航局预计完成"天梯"将需要50年时间，目前已经有科学家开

始考虑怎样避免在乘客搭乘这座未来"电梯"时受到太空辐射的伤害。据估计，太空天梯运送一公斤物品升上太空仅需10美元，而目前运载火箭或航天飞机运送一公斤有效载荷约需1万美元。不言而喻，太空天梯一旦建成，就可以昼夜不停地开展运输工作，把旅游者和货物源源不断地送上太空了。

知识链接 >>>

根据专家设想，太空天梯也可由电磁能驱动。建成后的这个天梯犹如一条上下垂直的高速公路，爬升器可沿着它把成吨重的物资或乘客缓缓运送到离地面约3.6万公里高的地球静止轨道上，用时约需7.5天。

未来的航天猜想

飞船"逐日"

在太阳系里,太阳是众行星之王。虽然人类每天都能感受它的存在,享受它赐予的恩惠,但它对人类来说仍然非常神秘。为了解开这些谜团,美国宇航局和欧洲空间局决定派遣一艘探测飞船对太阳进行近距离研究,直接探测困扰科学家多年的两大太阳奥秘——日冕和太阳风。

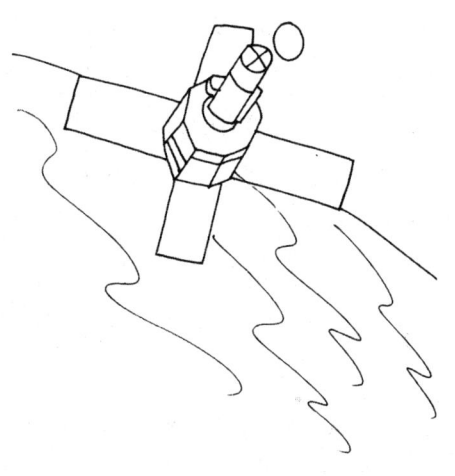

执行这次近距离探测太阳任务的是"太阳探测器+",目前它仍处于早期设计阶段。按计划,该探测器将通过太阳能驱动,依靠液冷式太阳能电池板获得持久的电力供应,当阳光变得过于强烈时,太阳能板可以收缩藏在隔热板后面。探测器上还将携带一台磁力计、一台等离子波探测器、一台尘埃探测器、一些电子和离子分析仪等。但最让科学家兴奋的科技之一是它上面将携带一个半球成像仪,这虽然是一台望远镜,但却能够拍摄出太阳日冕的三维图像。

日冕的温度是困扰科学家多年的谜团之一。所谓"日冕"其实是太阳大气的最外层,其亮度只有太阳本身的百万分之一,因此只有在发生日食时才能被看到。从道理上讲,离太阳核心越远温度越低才对。可实际上,

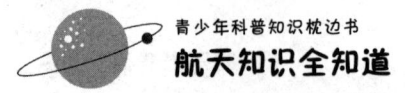

太阳表面温度是6000℃，而日冕温度竟高达200万℃。对于这种奇特的现象，科学界有两种具有代表性的解释。第一种说法是，这和太阳的震动有关。持这个观点的人把太阳比作一口震动不止的钟，热能则像声波似的穿透包裹太阳的各层气体。仔细观察拍摄精致的太阳照片就会发现，控制日冕的磁场在太阳表面形成了巨大的磁力线。热离子从太阳内部喷发后，沿磁力线以100公里/秒的速度向外运动，到达太阳表面后释放的热量被日冕吸收。第二种说法是，太阳的磁场就在日冕层下面。它持续运动，引起磁场扭曲变形。扭曲剧烈时，磁场会发生断裂现象。在它重新合拢之前，能量就通过断口，从太阳内部释放到日冕层里了。这两种理论到底谁是谁非，科学界至今仍未做定论。

太阳风是困扰科学家的第二个谜团。所谓"太阳风"是日冕以极高的速度向空间抛射出的高温带电粒子流。太阳风有两种类型：高速太阳风和低速太阳风。低速太阳风前进的速度为150万公里/小时，高速太阳风则高达300万公里/小时。当太阳风掠过地球时会使地球磁场发生变化，这有可能使地球轨道上的卫星遭到破坏、通信受到干扰、电力供应中断等。长期以来科学家一直在研究太阳风如此之高的速度从何而来，但都不能获得满意的解答。

"太阳探测器＋"发射升空后，将在长达6年时间里，先后7次借助金星之力飞进日冕进行探测。金星的引力可以轻微改变飞行轨道，让它一次比一次更深入地潜进太阳大气层。届时，飞船的碳合成抗热板将承受超过1400℃以上的高温以及高辐射的太阳风风暴，而我们就可以看到这场飞船"逐日"的大戏！

知识链接 >>>

除了发射太阳探测器外，近年来，科学家们还准备将一批高精尖设备安装在国际空间站服务舱中，对太阳定期进行观测，从而掌握太阳周期性的活动对其自身物理变化的过程，以及这个过程对地球气候和人类各领域活动的影响。

未来的航天猜想

神秘的"反物质"飞船

科幻小说中,大多数自主型恒星飞船使用反物质做燃料,原因是反物质是最具潜力的燃料。现在,科学家们正致力于研究开发反物质,也许未来人类真的可以借助科幻小说里描述的能源遨游太空。

什么是反物质,它为什么可以为航天器提供动力呢?我们知道,世上万物都是由质子、中子和电子所组成的,这些粒子因而被称为基本粒子。1928年,英国青年物理学家狄拉克首次从理论上论证了一种特殊粒子的存在,他认为这种粒子除了电性和电子相反外,一切性质和电子相同。四年后,狄拉克所预言的粒子被一名美国科学家找到了,这种粒子的质量和带电量同电子一样,只是它带的是正电,而电子带的是负电。因此,人们称它为正电子。

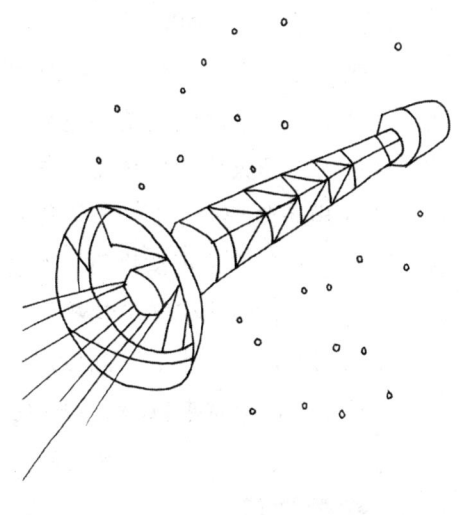

正电子的发现引起了科学界的震惊和轰动。它是偶然的还是具有普遍性?如果具有普遍性,那么其他粒子是不是都具有反粒子?于是,科学家们在探索微观世界的研究中又增加了一个寻找的目标。1955年,美国物理

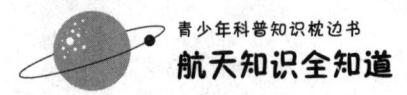

学家西格雷等人用人工的方法获得了反质子。后来，又发现了反中子。几年后，基本粒子中的反粒子差不多全被人们找到了。科学家们把由反质子、反中子和反电子结合形成的反原子构成的物质称为"反物质"。

反物质一旦同组成我们世界的"正物质"接触，便会产生"湮灭"现象，在瞬间释放巨大能量，并且不会像核弹那样产生放射线污染，所以被认为是一种最理想的清洁能源。据计算，1克反物质产生的能量，就足以为23架航天飞机提供动力。所以反物质的应用，很早就已为宇航专家们所关注，他们希望从根本上改变未来太空飞船的能源供应模式。

以前的反物质太空船设计使用反质子，后来科学家发现，反质子在湮灭时会产生危害性的高能伽马射线，而正电子产生的伽马射线能量比反质子低400倍，所以使用正电子为飞船提供动力成为科学家们的首选。按照现在的宇航技术，要想把人类送上火星，需要成千上万吨的化学燃料，但是如果以正电子为燃料的话，仅仅几十毫克就能帮助人类实现登上火星的梦想，而且只需要6周时间。

但是，在太空中，宇宙射线中高速粒子可以通过相互碰撞产生反物质。而在地球上，科学家们需要通过粒子加速器来生产反物质，此过程所需要的能量远大于湮灭作用所放出的能量，且生成反物质的速率极低，每生产10毫克正电子就要耗资约2.5亿美元。此外，如何储存正电子也是个大问题，因为它们会吞食正常物质，而现在人类还没有生产出由反物质制成的容器，所以只能将其存放在电磁场内。

相信随着科学技术的不断发展和科学研究的不断深入，人们对反物质作用的认识一定会越来越深入，反物质必将为人类做出应有的贡献。

知识链接 >>>

"反物质说"虽然现在还是科学上的一种假说，但反粒子等"负性物质"是确实存在的。1979年，美国科学家在35公里高空发现了28个反质子。这是在地球以外第一次发现的反物质。现在，组成物质的12种基本粒子的反粒子都已经被科学家在加速器中找到，而且还发现了反氘、反氢、反氦等一系列反物质。

未来的航天猜想

奇妙的"空间系绳"

空间系绳是指将卫星、飞船之间用一根长电缆或软管连在一起，让它们共同完成轨道飞行，从而完成现有的航天器不可能完成也不适于完成的太空任务。

早在1895年，齐奥尔科夫斯基在其著作《关于地球和天空的梦想》中最早描述了这种系统及其使用方法。1965年，苏联航天巨擘科罗廖夫准备开始做世界上第一个系绳系统的空间实验。他当时提出用一根一公里长的钢绳把"联盟"号飞船与运载火箭末级连在一起，使它们一起运转，在飞船上造成人工重力。但由于科罗廖夫过早逝世，这一工作便停下了。

20世纪六七十年代，意大利科学家科隆博与在美国工作的意大利专家格罗西一起设计了许多系绳系统及其空间实际应用方案，并积极推动这一技术领域的发展。许多国家都作出了回应并开始着手研究这项新技术。

从1980年到1985年，美国和日本联合在328公里高空进行了4次试

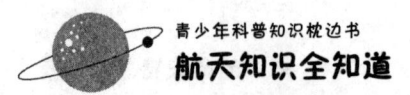

验，在前两次试验中，系绳分别伸长了30米和65米；在后两次试验中，系绳完全放出，完成了系绳系统电力研究。此后，加拿大分别于1989年和1995年用一公里长的系绳进行了两次试验。1992年，意大利和美国联合进行了TSS-1试验。在这次试验中，固定在长20公里的导电索上的意大利卫星被从美国"亚特兰蒂斯"号航天飞机上放出了265米。1996年2月，美国航天飞机再次在飞行过程中进行了这一试验。这一次，系绳全部被放出，但由于短路，系绳被烧断，昂贵的意大利卫星连同系绳一起坠入并消失在了茫茫太空。

苏联在1987年重新投入了空间系绳系统的研究工作。按照空间系绳系统的结构形式和在空间的实际应用方法，有关专家们把系绳系统分为静态系绳系统、动态系绳系统和电磁系绳系统三类。

静态系绳系统可用于深空、近地空间、地球大气和地球表面研究。在组成系绳系统的航天器上，可以在微重力环境下进行各种实验研究和技术操作，如生物医学研究、物质和材料生产、植物生长等。利用建筑原理组成系绳系统，可以在空间建成复杂的大型建筑，例如空间电站、住宅、工厂、温室等。

动态系绳系统可用于完成航天器的轨道机动而不消耗燃料，即用系绳把航天器抓住并把它拖走。例如，用约50公里长的系绳把货运飞船从空间站上吊下来，然后把它放开，飞船脱离轨道并降至地面，空间站则再升高至自己的轨道，而不费一滴燃料。用沿着系绳运动的升降机可以运送货物和人员。利用一端连有系绳的传动杆，可以变换吊在系绳上的航天器在空间的指向。

电磁系绳系统是利用该系统在轨道上运动的部分动能，缓慢提高系绳系统的高度而不必消耗燃料。利用某种电动效应可以以最小的损失沿系绳在分散的各航天器之间传送电能。把系绳作为一个发射天线，可以实现低频波段无线电波的有效辐射。

俄罗斯制订了空间系绳系统的发展规划：首先，在空间站上进行系绳-1、系绳-1A、火神和系绳-2等一系列空间系绳系统实验；下一阶

段，制造并在新的空间站上试运行运输型、发电型和研究型系绳系统；将来，制造载人空间站及其多功能系绳系统。

系绳系统可以改变未来航天系统的整个面貌，让我们共同期待着这一天的到来。

知识链接 >>>

随着空间系绳系统研究工作的顺利发展，科学家们有可能在21世纪中叶建造成新一代永久性载人空间站。根据预先研究，这种空间站应是一种复杂的系绳系统，它由两个多组合站构成，多组合站由数条系绳连接，另有一部升降机沿着各站之间的系绳运行。

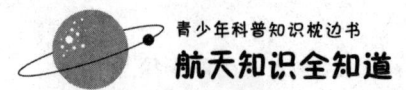

太空游客

地球上的人类仰望着浩瀚的天空数百万年后，1961年4月12日，加加林成为世界上第一位遨游太空的宇航员。当时，除了宇航员之外，其他人对太空是可望而不可即的，但这种局面在21世纪初被打破了！俄罗斯于2000年推出了平民太空游业务：只要掏2000万美元购买"船票"，普通人也可圆登天之梦，做一次太空游客。

全球共有6位游客享受过世界上"最奢华"的太空旅游。第一位太空游客是时年60岁的美国富翁丹尼斯·蒂托，他曾任美国宇航局喷气推动实验室工程师，参与了火星和水星探测飞船飞行轨道的设计。2000年他与俄罗斯宇航部门签署了一项协议，个人赞助2000万美元维持俄罗斯的"和平"号空间站，条件是亲自到"和平"号空间站上进行一次太空飞行。由于俄罗斯最终废弃了"和平"号空间站，蒂托转而要求登上由美国、俄罗斯、欧洲、日本和加拿大等16个国家和地区合作建设的国际空间站。他的这个愿望最后终于实现了，2001年4月28日，蒂托同两名俄罗斯宇航员一起搭乘俄"联盟"TM-32号载人飞船自拜科努尔发射场升空，两天后飞船与国际空间站成功对接，蒂托在俄宇航员的陪同下进入国际空间站，6天后乘坐俄"联盟"TM-31号飞船返回舱返回地面，结束了这次引起全球轰动的首次太空旅游。

  第二位太空游客是时年29岁的南非人沙特尔沃思。他于2002年游历了国际空间站，并与宇航员们一同进行了医学、环保等方面的实验。第三位太空游客是时年60岁的美国传感无限公司董事长——奥尔森，于2005年进入太空。奥尔森还是一位材料学博士，他在空间站短短8天时间里共做了10项科学实验，其中包括晶体培养和地球大气湿度测量等。第四位太空游客，也是历史上首位女太空游客，是时年40岁的伊朗裔美国女企业家安萨里。她于2006年飞赴国际空间站并停留了9天，除了不断写网络日志记录下所见所闻外，她还成为欧洲空间局4项重要试验的测试对象。第五位太空游客是时年58岁的匈牙利裔美国人西蒙尼，他于2007年前往国际空间站。这位被称作"Word之父"的微软前软件工程师，"飞天"时还携带了丰盛大餐。

  2008年10月12日，在哈萨克斯坦的拜科努尔发射场，世界第六位太空游客——美国电脑游戏开发商加里奥特乘俄罗斯"联盟"TMA-13号载人飞船升空，前往国际空间站。加里奥特的父亲是美国宇航局前宇航员，曾在美国第一个试验型空间站"天空实验室"逗留59天。加里奥特从小就梦想遨游太空，这次旅行他在国际空间站上逗留了10天。

  太空旅游虽然惊险刺激，但毕竟不同于地面旅游，对游客的身体素质要求非常高。据了解，整个太空飞行过程中，游客必须蜷缩在狭窄的太空舱内，忍受极不舒畅的航程。所以，太空游客在出发前必须接受数月的专门训练，以适应超重、失重等引力环境。不过，由于太空旅游持续时间并不长，一般只有8天左右，因此对太空游客的体质要求并没有长期在轨道上工作的宇航员那样严格，太空游客接受训练的时间也不会太长。但所有的训练都完成后，游客们最后还要签署一份协议，保证在旅行过程中一切

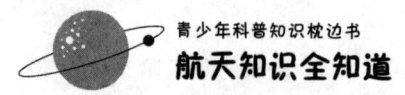

由于个人原因造成的损害由游客本人负完全责任，与同行的宇航员无关。

在地球旅游业非常发达的今天，飞出地球体验遨游太空的美妙越来越引起了人们的兴趣。虽然在目前情况下，太空旅游还只是富人的"特权"，高昂的旅游费用让普通百姓望而却步。随着科技的发展，在不久的将来，开展太空旅游的交通工具将不再局限于俄罗斯"联盟"系列飞船，旅游的目的地可能也不只是国际空间站，太空旅游也许会和乘坐飞机旅游一样费用大大降低，能够享受太空旅游的人也会不断增加。

2018年4月5日，在美国加州太空2.0峰会上，Orion Span公司展示了一个太空旅店的模型。这个名叫"极光空间站"的酒店计划在2021年升空，2022年开始接待游客。酒店可容纳6名游客和两名机组人员，一次旅程将持续12天时间，体验包括零重力、太空种植、VR全息甲板等项目。酒店在距离地球230多公里的高空运行，每90分钟绕地球一周，所以游客一天中可以看到16次日出和日落。如果要入住该旅店至少需要950万美元的费用。

月球上的能源宝藏

人们一直在致力于寻找清洁的替代能源,然而几十年来却未能如愿。每当一种新能源似乎通过测试,总会有人发现其致命的缺陷。核能、风能、太阳能、水电的运用都有一定的局限性。核裂变太危险,风能并不稳定,太阳能受限于天气和云层,水力发电水坝破坏自然环境。因此科学家有个新想法,为什么我们不在外太空中寻找能源呢?科学家们首先把目光瞄准了月球。

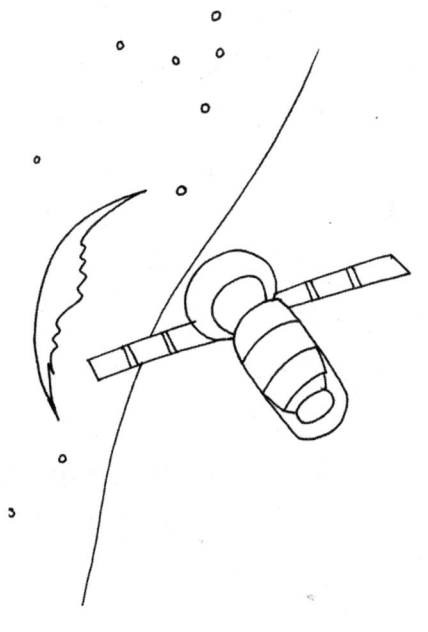

"阿波罗"宇宙飞船登月时,宇航员从月球表面带回了月球岩石和尘埃。当科学家将月球尘埃加热以后,发现有氦元素的放射性,经过进一步的分析,认定这是氦的一种同位素氦-3。它原本大量存在于太阳喷射出来的高能粒子流(太阳风)中,在几乎没有大气的月球上,"太阳风"直接降落下来,久而久之,在月面的沙粒、岩石中,大约积聚有上百万吨这种材料。虽然当时已经知道月球上存在大量的氦-3,但科学家们并不知道它有什么价值。十多年后,美国

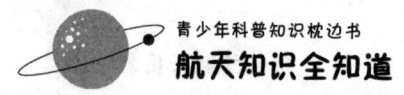

科学家发现,当氦-3被加热到很高的温度并与氘结合时会放出巨大的能量,而且不放出任何具有污染性或者放射性的物质。如果用氦-3作为核聚变的原料,可以建成最最安全的核电厂。可惜的是,地球上的氦-3极为稀少,天然气矿床中已知的氦-3资源只能维持一个500兆瓦规模发电厂数月的用量。可不可以开发月球上的氦-3来建设核电厂呢?美国科学家算了一笔账:月球岩石和尘埃中含有的氦-3所能提供的电能,已超过美国全国需要量的50万倍,开采、加工和运回氦-3所消耗的能量,与用氦-3发电得到的能量之比为1:250,而煤和铀分别是1:16和1:20。如果美国用宇宙飞船一次运回20吨液化氦-3,就可为美国提供1年所需电力的燃料,其价值相当于500亿美元,这是相当有利的。此外,从月壤中提取1吨氦-3,还可以得到约6300吨的氢、70吨的氮和1600吨碳,这些副产品也有着巨大的价值。

月球上除了拥有氦-3,还拥有大量的太阳能。早在1979年,美国宇航局专家就提出要在月球上建造太阳能电站,经过讨论,大家一致认为这是一个极好的建议,不仅能够实现,而且有着广阔的发展前景,这是因为在月球上建造太阳能电站比花费巨大的投资建造太阳能卫星电站要优越得多。首先,在月球上建造太阳能电站,不需要耗资巨大的大型卫星,也免去了将卫星送上轨道的麻烦,电站可以在月球上就地取材建造,这样就可以节省大量的人力和物力;其次,发电站建造在月球上,发电设备和向地面传送电能的激光器或微波器可以不受卫星的限制,制作得大一些,使发电能力和传送电能的效率大幅度提高;最后,由于月球所处的独特位置,也使它成为建造太阳能电站最理想的地方。如果发电站建在月球的南极或北极上,那么太阳光时刻都能照射在发电站的建筑物上,而且这个建筑物在任何时候都是一半向阳一半背阳,这样,向阳的一面与背阳的一面的温差可达500℃,形成了最理想的温差发电环境。在这种情况下,装在发电设备中的工作液体就会沸腾起来,变成高速气体冲向汽轮机,使汽轮机高速旋转,带动发电机发出电来。

由于月球既绕自身的旋转轴旋转,又绕地球转圈,两种转动是同步一致的，即月球自转一圈，同时也绕着地球转过一周，因此，月球就能始终以它的一面对着地球，如同同步通信卫星固定在地球上空一般，这样就便于激光器或微波器安置在向地球的一面，使它们能正好直接向地面发射激光或微波束，把电力送到地球上。地球上设有地面接收站，能接收从月球发来的激光或微波束，并将它们变成电能输入电网，供用户使用。

能源危机是 21 世纪人类社会生存、发展面临的最严重问题之一，开发月球上"洁净"的核能与太阳能，给人类未来展示了美好的前景。

知识链接 >>>

目前，氦－3 在月球上的分布特征还不是很清楚，因而它的提取是世界各国科学家面临的一大难题，只有通过大量的探测和重返月球进行实地考察，才能获得较为满意的回答。我国探月工程的一项重要计划，就是对氦－3 含量和分布进行一次详细勘察，为人类未来利用月球核能奠定基础。

天上的都市

地球上的人口已超过70亿，环境污染、资源匮乏、人口膨胀、土地减少在困扰着人类，到哪里去开辟新的家园？科学家把眼光投向了太空这个"世外桃源"。

这个未来的天上都市应该建在哪里呢？大家知道，近地轨道上运行的飞行器，即便空气非常稀薄也会使它慢慢减速而坠落，而远离地球数万公里的同步卫星寿命也只有几十年。因此，天上的都市必须建在远离地球的地方，但是太远了，它又会摆脱地球的束缚，离地球远去。科学家们计算发现，在月球的轨道上有一些特殊的点，太阳、地球、月球的引力相互平衡。物体在这些点上不会轻易离开自己的位置，

具有永久性。因此，科学家们认为太空城市应该建在太空中的这些特殊的点上。

"地址"选好了，那未来的天上都市该建成什么样子呢？科学家们提出

了许多方案。美国科学家奥尼尔在他的《高边疆：人类的太空城》一书中，提出了一个名为"三号岛"的太空城，并设想未来人们可在这种太空城中居住、生活。这所未来太空城是一座圆筒形的城市，长32公里，直径6.4公里，里面的居住面积为1300平方公里，可容纳1000万人生活。从城市的一头走到另一头，得花六七个小时。它是全封闭的，生活环境和地球完全一样。

这个圆筒形的太空城市，以中轴为旋转轴，每分钟自转一周，使得圆筒内壁产生一股离心力，正好跟地球表面的重力相等。圆筒的内壁正好是城市的地面。因此，生活在太空城的人，站在此地面上，跟站在地球的地面上的感觉是大同小异的。只是在太空城里，无论站在哪儿，你的头顶都正好对着圆筒的中轴线。

为了使大圆筒内有充足的阳光，科学家设想将大圆筒的壁分成六大区域：三个居住区和三个天窗区。居住区和天窗区交错排列，一个居住区和一个天窗区相对。天窗区由巨大的玻璃构成，在天窗区的外面还安装有三块巨大的平面反射镜。镜子是由电脑控制的，按照一定的规律转动，将照射到它上面的太阳光以不同的角度反射到太空城里去。反射镜随同大圆筒一起旋转，通过调节反射镜的反射角度和天窗玻璃的色调，太空城的居民不仅能看到蔚蓝色的"天空"，还能观赏到日出和日落。

建造这么一座宏伟的天上都市的建筑材料从哪里来呢？科学家分析了月球岩石标本之后，发现月球岩石中含有丰富的铝、铁、钛、硅、氧等元素。太空城的建筑材料有95%可以从月球找到。我们知道，月球的引力比地球的小得多，把同样重的材料送到太空，从月球出发比从地球出发也要"省力"得多。所以，在建造天上的都市之前，必须首先开发月球，让月球成为人类的建筑材料供应场。

据奥尼尔的设想，在今后二三十年内，在太空中，将出现可居住万人的太空城。到21世纪末期，空间中的各种太空城、空间站和空间工厂将星罗棋布，每年差不多有2亿人往返于地球与太空城之间，进行别有风味的旅行。到那时，每年都有成千上万的地球人到太空城"安家落户"。

科学家估计，只要派150个人上月球，每年就可以开采100多万吨矿石。将矿石用磁发射装置抛射到空间冶炼厂，利用太阳能加热、冶炼，加工成铝材、玻璃等各种建筑材料和构件，然后派出太空机器人，到轨道上去进行高空作业，装配建造太空城市。

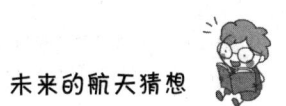

空间电站

1876年，两位英国科学工作者发现：用硒半导体可以把太阳光直接转变成电能。尽管这种转变的效率只有1%。即用100瓦的太阳光能只能得到1瓦的电能，但这仍是一个历史性的发现和突破！20世纪中叶，科学家已在利用太阳能方面，取得了新的突破，就是能够把太阳能直接转变为电能。随着航天技术的发展，人类正准备在太阳能发电方面实现一次更新的突破——建设空间太阳能发电站。

太阳是太阳系的中心天体，它是一颗稳定的恒星，一个处于动态平衡的炽热的气体球。太阳每秒钟供给地球的能量相当于每秒钟燃烧500万吨优质煤所发出的能量，而地球仅仅能得到太阳总辐射能的22亿分之一。如何近距离把太阳能收集和利用起来，为人类服务，已成为许多科学家研究的重大课题。

早在1968年就有科学家提出了空间太阳能发电站方案，这一设想是建

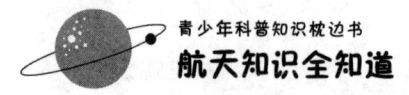

立在一个极其巨大的太阳能电池阵的基础上，由它来聚集大量的阳光，利用光电转换原理达到发电的目的。它所产生的电能将以微波形式传输到地球上，然后通过天线接收，经整流转变成电能，送入供电网。

人们也许会想，目前在地面已经能够将太阳能电池安装在个人住宅的屋顶上，组成家用光电池发电系统，又何必到太空中去建设太阳能发电站呢？经研究人员分析，要把丰富的太阳能转变成电能，在地球上建立大型太阳能—电能转换装置，会出现很多不利因素。这是因为一般在地球上的任何一个地方，一年中只有1/2左右的时间能获得日照，而且日照程度又随时间和天气而改变，比如云、雾、雨、雪等天气现象的出现，使工作效率大为降低，所以不能把它作为基本负载的电厂来使用。同时还因为在地面上有风和重力存在，使建筑超大型太阳能电池阵或反射镜颇为困难。而在外层空间，太阳能的利用绝不会受到天气、尘埃和有害气体的影响，再加上日照时间长，因此空间太阳能电站与同一规模的地面太阳能电站相比，接收的太阳能要高出6～15倍。

如何把庞大的空间电站发射到太空呢？科学家估计，若需获得50亿瓦电力，空间电站物资总量将达4000多吨。按照现有的航天技术只能采用"化整为零，集零成整"的办法了。如何把空间电站发出的电传回地球呢？科学家们提出了两种方案。一种是将电能通过微波由一架小飞机运回地球；另一种是准备在同步轨道上装一面直径为1千米的镜子，将呈微波状态的电能反射传输到所需的地方。人们担心，万一强大的微波技术失控，会不会对人类的健康造成影响？会不会干扰地球的通信联系？科学家们认为只要通过地面信号控制微波发射装置，使它始终对准地面接收站，并将微波泄漏量控制在国际安全标准之内，就不会影响人类的健康和自然界的生态平衡。同时，美国科学家还将设计失控保险装置，万一微波能量失控，可让其在太空中立即自行消散。

知识链接 >>>

天上太阳能电力是一种清洁、安全而又取之不尽、用之不竭的新能源。未来在天上进行太阳能发电，是人类获取能量、摆脱能源危机的主要途径。

太空工厂

在太空建立工厂，是航天技术发展的一个目标。太空拥有微重力、高真空、超洁净和丰富的太阳能等宝贵资源，有助于人类进行更广泛领域的新材料加工和细胞、蛋白质晶体的生长与培养；宇宙空间充满的各种强烈辐射会使种子、微生物以及各种细胞的遗传密码在排列上发生变化，从而产生出更多更有价值的新物质。

从20世纪70年代以来，苏联和美国利用空间站和航天飞机作了许多空间工业生产的有益探索。

苏联发射的"礼炮"号和"和平"号空间站，对各种空间生产进行了长期实验。"礼炮"6号空间站在4年又10个月的太空飞行期间，宇航员成功地制取了多种合金以及半导体材料，提取了抗流感疫苗所需的超纯蛋白等；"礼炮"7号空间站又进行了各种合金、半导体、陶瓷、药物加工等300多项研究实

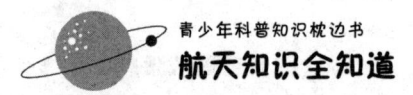

验，为建立空间生产做了准备。1986年2月20日上天的"和平"号空间站上，专门建立了一个工艺实验和生产车间、一个医药试制车间，这已是空间工厂的雏形。

美国20世纪70年代发射的"天空实验室"和80年代开始飞行的航天飞机，也都开展了各种太空资源开发的实验和生产。在一次航天飞机太空材料实验中，宇航员将10克重的钨放到一个真空室的底座上，慢慢升高到预定的磁场内，然后，底座下降，钨在失重状态下并不能随之下降，而是停留在磁场内。于是，悬浮式的熔炼便开始了。人们用激光或电子束射向钨块，使钨加热升温直到熔化。这时，圆柱形的钨块渐渐变成了一个液体小球。当激光或电子束照射停止后，钨自行冷却并形成了球形单晶钨。这种球状物质外形非常圆，而且纯度相当高，是一种新型的超纯材料。

在这些实验的基础上，科学家们提出了建设太空工厂的方案。从目前情况看，空间站和空间平台是建立空间工厂的理想场地。这两种航天器可在轨道上组装、调试大型设备，进行批量生产，同时也能在轨道上接受来自地面或其他航天运载工具提供的维修设备、回收产品等服务。如果把空间站和空间平台组合一起，用空间站配备高级生命保障系统和各项服务设施，载人到上面工作，用部署在周围的多个专用空间平台从事自动化工业生产，就能在太空长期高产、稳产，收到巨大的经济效益。

美国科学家提出了一种名叫"空间工业设施"的典型方案。这种空间工厂由工作舱和供应舱组成，工作舱用于安装生产设备，进行独立生产；供应舱用于补给原料、供应设备和储存产品。工作舱长10.6米，直径4.4米，可装载体积70立方米、重5400公斤的设备，供应舱可装载体积50立方米、重9080公斤的货物。宇航员定期上去维修、保养、更换设备、安装仪器和回收产品。最初的空间工厂主要集中于材料加工、药物试制和太阳能发电方面，将来会扩展到生产其他产品。

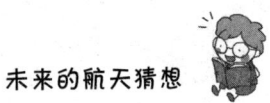

未来的航天猜想

  利用外太空进行各种生产活动，是人类文明发展的必然趋势。美国航天界曾预言，在不久的将来，将有在地球与近地轨道之间航行的新型航天运输机问世，把在太空中生产的新材料运回地面。在未来几十年内，人类将陆续建成太空港，在月球、火星以及其他一些小行星上居住并建立太空工厂。

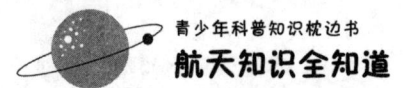

人类的"月球基地"

随着空间技术的迅速发展,人类在外太空活动的范围日益扩大,现在建造大型航天站、太阳能电站、太空工厂和空间居民点的任务摆在了科学家们面前。1979年,为了对各国在月球和其他天体上的活动进行组织和管理,联合国通过了月球条约。1987年10月,在一次国际宇航科学院的会议上,来自50多个国家的近1000名科学家和工程师联名提议建造国际月球基地。

科学家们提出,在月球上建造一个宇航循环基地需1000吨水泥,330吨水和3600吨钢筋,若将这些材料从地面运往月球,每吨需耗资5000万美元,显然太昂贵了。材料科学家对月球岩样进行分析和试验后认为,只要把氢带上月球就可把月球上的岩石变为最理想的建筑材料。月球表面钛、铁含量极为丰富,这些矿物被加热到800℃后与氢结合会产生铁、钛、氧气和蒸汽。在此过程中产生人类生存所必需的水和氧气。月球岩石可精炼成轻型和坚固的水泥,剩下的铁矿可用来冶炼钢筋。这种月球岩石同其他小行星的组成物质相似,已经在茫茫宇宙中存在了许多亿年,不但能抵挡太阳射线对其粒子的辐射,还能经受极大的温差考验。材料科学家利用宇航员带回地面的月球岩石样品制成了一块目前世界上任何物质都无法同它相比的最强硬、最坚固、最富弹性的混凝土。这种混凝土是唯一能在气候异常的月球屹立的建筑材料。在月球上生产每千克这种品质的混凝土只需氢3克,而且只要具有总重量约200吨的机械钻探设备就可投入月球物质的挖掘。化学科学家设计了许多从月球岩土中提取纯净元素的方案,包括利用太阳能加热月球物质的物质分离法以及利用氢氟酸之类的试剂从氧化物中取得氧、硅和金属的化学分离法,每个加工厂设计成能循环使用试剂和废料的齐全生产单位。一个只有1吨重的小小的试验性化工厂,每年可将十几吨月球物质加工成氧、金属和玻璃。因此,科学家们认为,建设月球基地的基本材料不必从地球运去,可以就地取材。待月球基地建成后,可以大规模开发月球,建造月球工厂,并把大批材料通过宇航基地射离月球,输往地球轨道和太阳系空间,用以建造各种大规模航天站,并为太空工业提供原料,为太空居民城镇建设供应建材。

科学家们认为,早期的月球基地应包括一个检测月球物质、监测基地成员健康状况和生活食品的试验舱,一个生活舱,一个不加压的储藏舱,一个加工月球物质的小小化工厂,一个带观测室和气闸门的连接舱,以便出入月球表面,两辆月球运输车。这种基地的成员可包括:指令长、机械师、机械技师、医生、地质学家、化学家和生物学家。基地成员可每两个月轮换一次。每次通过在低月球轨道上会合的轨道间运输飞船和月球游览车交换3~4个基地工作人员。在这之后,人类将可利用小小化工厂生产的产品和建筑材料,在月球上建造固定的、坚固的宇航基地,作为今后把开发出来的月球物质送往空间各用户和为人类飞往火星的基地。

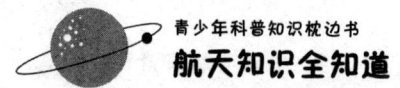

> **知识链接** >>>
>
> 月球基地，是指人类在月球上建立的生活与工作区域。在月球上建立基地，主要有以下目的：更好地开展天文观测等科学活动；在月球上建立空间发电站供地球使用；开发月球各种矿物资源；为人类向更远的目标探索提供一个落脚点；为飞向更远的行星的飞船提供建造材料甚至提供推进剂；为更远的将来人类向月球移民打前站。

"移民"火星

千百年来，人类对茫茫宇宙充满了无限神往和遐思。登月之后，人类更大的目标就是载人飞船登陆火星。而登上火星后，更长远的计划便是改造火星环境，使之成为适合人类居住的第二个"地球"。

目前据探测，火星有着与地球最接近的环境，它的半径为地球的53%，体积为地球的15%，质量为地球的11%，表面重力为地球的38%。火星有稀薄的大气，95%是二氧化碳，还有3%的氮，大气密度约为地球大气的1%。火星每24.63小时自转一圈，并在一条椭圆轨道上以25.2度的倾斜角绕太阳公转，周期为687天，因而与地球一样，有四季分明的气候，冬季最低温度为-125℃，夏季最高22℃，平均气温-63℃。这样的自然状态虽然仍不适合人居住，但与月球相比，可以说有天壤之别。

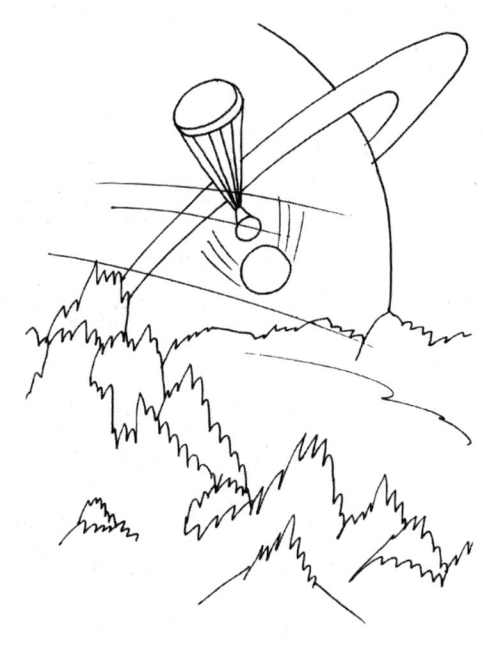

科学家们一直认为，火星上可能有水，迄今探测发现的大量水流痕迹，

至少说明火星上曾经有过滔滔大水。那么，这些水哪里去了？它们不可能全部消散到太空，在两极和地表下可能会有冰冻水存在。现在美欧和日本，每当火星冲日前后，都要发射火星探测器，其主要目的就是探寻火星上水的踪迹。一旦在火星上找到水源，在火星上建立密闭生态循环系统就要比在月球上容易得多、经济得多。如火星上有大气，可以降低辐射强度等，密闭要求要低得多。另外，火星上到处都是氧化铁等氧化物质，可还原出氧气来。火星上的风能也比地球上要丰富得多；火星上有地热能；还可利用二氧化碳和氢制造甲烷燃料；也可用重氢进行核发电等。

航天探测表明，早期的火星气候很炎热，大气密度是现在的10～50倍，这与现在的地球环境相差无几，而比早期地球环境可能更优越，地球可以成为绿色行星，火星为什么不能呢？所以一些科学家提出了许多绿化火星的设想，一些太空美术家则描绘了一幅幅火星未来的美丽图景。

绿化火星的关键在于提高火星表面的大气温度，以及增加氧气浓度。有的科学家建议，在围绕火星的轨道上设置大型反射镜，向火星反射阳光。也有的科学家建议在火星大气中释放含氯氟烃的气体，著名天文学家和科普作家卡尔·萨根则建议制造黑色尘埃云，因为它们可以产生温室效应。在温度提高以后，火星两极和地表下的冰冻水就可以逐渐融化。这不仅可以使地表上出现液态水，还可汇集成几百米深的液态水的海洋，发展海洋生物。

有了液态水和温暖的气候，各种植物就可以加速生长和繁殖，它们在光合作用中放出氧气；同时还可繁殖酵母和细菌之类的简单生命体，它们也可放出氧气；为了加快氧气增加的速度，还可通过电解氧化铁产生氧气。

有了温暖的气候和充足的氧气，人就可以走出封闭居室，甩掉密闭生态循环系统，在火星表面上生活。为了使火星环境更趋近于地球环境，还可建立生产氮气的工厂，使火星大气具有与地球大气完全相同的成分。

为了使火星生命免受太阳紫外线的伤害，还可建立生产臭氧之类气体的工厂，将这些能过滤紫外线的气体释放到火星大气的上层，使太阳的强紫外线无法到达火星表面。在如此绿化的火星上，人们就真正可以像在地

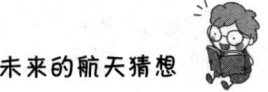

球上一样自由自在地生活了。

火星上的洞穴可以很好地保护未来人类移民免受宇宙辐射、恶劣天气的伤害和影响，此外，火星洞穴内可能还包含着大量矿物、水分、冰块，这些足以为火星移民提供支持生命的原料。因此，火星洞穴可能会成为人类未来移民火星的最早落脚点。

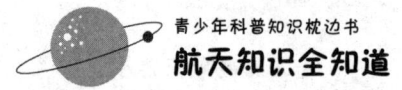

清除太空垃圾行动

1957年10月4日,苏联成功发射了第一颗人造地球卫星,揭开了人类空间时代的序幕,同时也为太空送去了第一批人造垃圾。此后,随着人类太空史上的一次次壮举,太空垃圾与日俱增,它们就像高速公路上那些无人驾驶,随意乱开的汽车一样,你不知道它什么时候刹车,什么时候变线。它们是宇宙交通事故最大的潜在"肇事者",对宇航员和飞行器来说都是巨大的威胁。随着航天时代的到来,清除这些太空垃圾已经成为当务之急。

太空垃圾是指人类在从事空间活动时留下的那些空间碎片。在近地球轨道,火箭助推器的最后部分、调压器和报废的卫星残片,还有因为事故而爆炸的宇宙飞船的残骸碎片、宇宙飞船上很小的螺钉和垫圈、宇航员不小心在空间站上丢失的扳手等,最后都成为太空垃圾。这些太空垃圾在大气阻力的影响下会逐渐陨落,但是如果它的轨道很高,在1000公里以上，阻力作用很小，那它能在轨道上存留数万年甚至数百万年。近50年以来，空间碎片总数已经超过4000万个，总质量已达数百万公斤，大于10厘米，地面望远镜和雷达能观测到的空间碎片平均每年增加200个，总数已经超过10000个，所以说如今的太空已经渐渐变成垃圾场了。

太空垃圾危害很大，这些东西中有许多可以使宇航员丧命、将人造卫星击穿，至少也会擦坏航空飞机那些价值不菲的窗户。空间碎片数量的不断增加，碎片间碰撞概率也不断增大，从而产生更多的碎片。当其数量达到一定程度，有可能使航天活动无法进行，近地空间完全失去使用价值。空间碎片和航天器撞击时的平均相对速度是10公里/秒，撞击时的动能十分巨大。一颗重10克的空间碎片撞击航天器时，它的撞击效果就和质量1300公斤、时速100公里的汽车撞击效果一样。

科学家们设计出三种清理太空垃圾的方案。第一种是从地面或者太空发射激光，将太空垃圾推至离地球更近的轨道，使其在地球引力作用下加速下落。这个创意的缺点在于成本过高，而且可以击中的目标有限。第二种方案是建造太空垃圾回收车，让它在太空指定地点上将大块太空残骸、整块的老火箭残体收集和封装起来，然后运送到离地球比较近的轨道上。但这个方案成本太高，而且操作也比较复杂。第三种方案是在飞船发射之前，在飞船上面附着一个金属细丝，进入轨道后用它来击落那些碎片。但是这种方案目前并没有试验过。相信在不久的将来，科学家一定会研究出清理太空垃圾的好方案并付诸实施。

知识链接 >>>

据统计，目前约有3000吨太空垃圾在绕地球飞奔，而且数量正以每年2%～5%的速度增加。科学家们预测：太空垃圾以此速度增加，将会导致灾难性的连锁碰撞事件发生，如此下去，到2300年，任何东西都将无法进入太空轨道了。